Stokastikdidaktik del 2:

Statistik, sannolikhetslära och kombinatorik för grund- och ämneslärare

Jöran Petersson

Förlag: BoD – Books on Demand, Stockholm, Sverige

Tryck: BoD – Books on Demand, Norderstedt, Tyskland

ISBN: 978-91-8057-402-0

Innehåll

Förord

Stokastik är ett samlingsnamn för statistik och sannolikhetslära och huvudinnehållet i denna bok är didaktik för stokastik och kombinatorik från tidiga skolår till gymnasiet. Vid sidan av huvudinnehållet visar boken med konkreta exempel hur didaktiska teorier såsom didaktisk transposition, praxeologi och teorier om representationsformer kan omsättas i lärares och elevers arbete med matematiska begrepp och modeller.

Boken tar även upp didaktiska aspekter på digitala verktyg för att underlätta beräkningar, statistisk modellering och diagramkonstruktion. Andra områden är försöksplanering för skolmatematiken samt stokastikens idéhistoria och läroplanshistoria. Boken stödjer sig på en stor mängd forskningslitteratur med källor och tar även upp engelska termer i stokastik för att underlätta för läsaren att på egen hand kunna söka och läsa vidare inför skolutvecklingsarbete.

Boken riktar sig till både grundlärarstudenter (del 1) och ämneslärarstudenter (del 1 + 2) då dessa utbildningar delvis överlappar varandra vad det gäller stokastikens didaktik. För grundlärarstudenter räcker bokens kapitel 1–9 och 11 i del 1 och de kan även hoppa över rubriker med ordet ”fördjupning” i sig. Kapitel 12–14 i del 2 ger en matematisk behandling av stokastik och modellering. Kapitel 10 (del 1) och 15 (del 2) ger en kort introduktion till vanliga kvantitativa forskningsmetoder inom skolutvecklingsarbete och utbildningsvetenskap såsom försöksplanering, enkäter, observationsprotokoll, enkäter, läromedelsanalys och statistisk analys.

Kapitel 12 – Stokastikens matematiska grunder

Deterministiska, stokastiska och kaotiska modeller

I princip all skolmatematik utom stokastik handlar om deterministiska modeller. I deterministiska modeller finns det ett bestämt samband mellan orsak och verkan. Ett exempel är att om man släpper ett föremål så faller det alltid mot marken. Detta inte gäller för stokastiska modeller där utfallet istället är slumpmässigt. Därför skiljer matematiklitteraturen mellan deterministiska och stokastiska matematiska modeller.

Beare (1997) tar även med kaotiska modeller som en tredje kategori modeller. Även för kaotiska modeller är utfallet slumpmässigt, men till skillnad från stokastiska modeller så beter sig kaotiska modeller ofta som att utfallet oförutsägbart hoppar mellan flera olika medelvärden, som i detta sammanhang kallas hopningspunkter. Det kanske enklaste exemplet på detta är iterationen $x_{n+1} = r \cdot x_n \cdot (1 - x_n)$. Så länge $0 \leq r \leq 4$ och $0 \leq x_0 \leq 1$ håller sig denna iteration inuti intervallet $0 \leq x_n \leq 1$ och för värden $0 \leq r \leq 3$ konvergerar denna iteration mot en enda hopningspunkt. För $3 \leq r \leq 3{,}55$ hoppar denna iteration periodiskt mellan ett antal hopningspunkter, men för de flesta värden i intervallet $3{,}6 \leq r \leq 4$ beter sig iterationen kaotiskt genom att hoppa runt utan att konvergera alls, alltså att hopningspunkter saknas. Grafen för sambandet mellan parametern r och hopningspunkterna kallas Feigenbaumplot efter fysikern Mitchell Feigenbaum.

Än mer speciellt och typiskt för kaotiska modeller är att iterationen är mycket känslig för ändringar i startvärden. Exempelvis ger $x_0 = a$ och $x_0 = a + 10^{-10}$ i iterationen ovan helt olika talföljder $\{x_n\}$ efter bara några tiotal iterationer. Det är detta som ibland kallas fjärilseffekten, nämligen att en liten förändring i startvärdena kan ge stora förändringar på sikt. Matematiken för kaotiska system används exempelvis för att avgöra stabilitet hos återkopplade system i processindustri.

Matematikens byggstenar

Matematikens kunskapsteoretiska arbetssätt är deduktion, vilket innebär att logiskt bevisa (härleda) ett påstående ur andra axiom eller bevisade påståenden. Därmed är matematikens byggstenar definitioner, axiom, påståenden, bevis och satser.

I matematiken finns det olika sorters påstående. Ett slags påstående är *förmodan*. Precis som namnet anger, så är en förmodan ett påstående som man ännu inte har lyckats bevisa, alltså härleda logiskt ur andra påståenden. Ett sådant påstående är Collatz förmodan, ibland kallat $3n + 1$-problemet (en.wikipedia.org/wiki/Collatz_conjecture). Problemet har fått sitt namn av att man börjar med ett naturligt tal n, halverar talet om det är jämnt men beräknar $3n + 1$ om det är udda. Exempelvis ger talet 3 talföljden $\{3, 10, 5, 16, 8, 4, 2, 1\}$. Collatz förmodan går ut på att oavsett startvärde, så landar alla talföljder i talet 1.

Denna förmodan är mycket enkelt att räkna på men är ännu inte bevisad. Ett påstående som man lyckas bevisa kallas för en sats (synonymt med teorem). Ett exempel på en förmodan som har blivit en sats är Fermats stora sats, som är att ekvationen $a^n + b^n = c^n$ saknar heltalslösningar för a, b och c om potensen $n > 2$. Notera att $n = 2$ ger samma ekvation som Pythagoras sats. Fermat gjorde detta påstående runt år 1637 och eftersom detta påstående saknade bevis, så klassades det länge som en förmodan. År 1995 kunde slutligen Andrew Wiles efter mycket möda och nyskapande matematikforskning bevisa Fermats stora sats och det blev verkligen en sats (Singh, 2005).

För just sannolikhetslära är axiomsystemet någorlunda lättbegripligt och flera användbara satser är lätta att härleda och detta är tema för resten av detta kapitel tillsammans med begreppen oberoende och betingning.

Axiomsystem

I vanlig matematisk bevisföring är alltså arbetsgången att härleda en sats ur en annan sats. En grundad fråga blir då: Finns det något första påstående, från vilket andra satser kan härledas? Just denna fråga har sysselsatt matematiker och deras arbetsgång har varit just att nysta baklänges för att hitta en samling påståenden ur vilka övriga satser kan härledas. Svaret på frågan är ”ja” och sådana påståenden kallas *axiom*. Ett följdpåstående är att det inte ska gå att härleda ett axiom ur andra axiom eftersom det då inte vore ett axiom.

Matematikerna kallar denna egenskap för att axiomen ska vara oberoende (Katz, 1998, s. 800). Ett annat nödvändigt krav på ett axiomsystem är att det måste vara motsägelsefritt. Om vi ur ett axiomsystem kan bevisa både $1 + 1 = 2$ och $1 + 1 = 3$, så vore ett sådant axiomsystem inte användbart i matematiken.

Axiomsystem

Ett axiomsystem är en uppsättning påståenden som behövs för som grund för att härleda övriga satser. Axiomsystemet måste vara fritt från motsägelser.

Geometri

Det första axiomsystemet sammanställde Euklides på 300-talet f.Kr. för geometri av i bokserien Elementa, som fram till 1800-talet hade ungefär samma status i matematiken som heliga skrifter har för religioner.

Tal

År 1889 publicerade Giuseppe Peano ett axiomsystem med fem axiom för naturliga tal (Thompson, 1991, Peanos axiomsystem).

Geometri

År 1899 publicerade David Hilbert ett (nytt) och ganska stort axiomsystem för geometrin (Katz, 1998, s. 797).

Logik

År 1910 publicerade Bertrand Russel och Alfred Whitehead ett axiomsystem med fyra axiom för logik (Thompson, 1991, axiomsystem).

Sannolikhetslära

År 1933 publicerade Andrej Kolmogorov ett axiomsystem med tre axiom för sannolikhetslära.

För att uppfylla de båda kraven på oberoende och motsägelsefrihet, så blir det ofta ganska få axiom i ett axiomsystem. Det äldsta kända axiomsystemet är från Euklides medan övriga axiomsystem är betydligt yngre.

Kolmogorovs axiom för sannolikhetslära

I matematisk litteratur uttrycks axiom vanligen med matematiska symboler, vilket kräver att läsaren är bekant med symbolspråket. Här presenteras axiomen med representationsformerna naturligt språk, matematiskt symbolspråk och diagramform. Att använda olika representationer för samma sak har här tre syften. Det ena syftet är att läsaren ska kunna välja en representation som är någorlunda lätt att ta till sig. Det andra syftet är att använda parallella representationsformer för att introducera läsaren i en kanske ännu obekant representationsform. Det tredje syftet är att lära sig växla mellan olika representationsformer, vilket Duval (2006) anser centralt i matematikundervisning. Att kunna använda och växla mellan olika representationsformer är även nödvändigt för god kommunikationsförmåga i matematik.

Axiom 1

En not till detta första axiom är att det möjliggör numeriska jämförelser och beräkningar genom att kvantisera sannolikheten med hjälp av reella tal. I tidiga skolår är det lämpligt att välja bråktal istället för decimaltal.

Naturligt språk

> Sannolikheten är minst noll för ett utfall som ligger inuti utfallsrummet.

Diagramform

> Beteckna hela utfallsrummet med den stora rutan och beteckna utfallet A med den grå rutan. Om hela utfallet

A ligger inuti utfallsrummet, så är den grå rutans andel av hela utfallsrummet minst 0%.

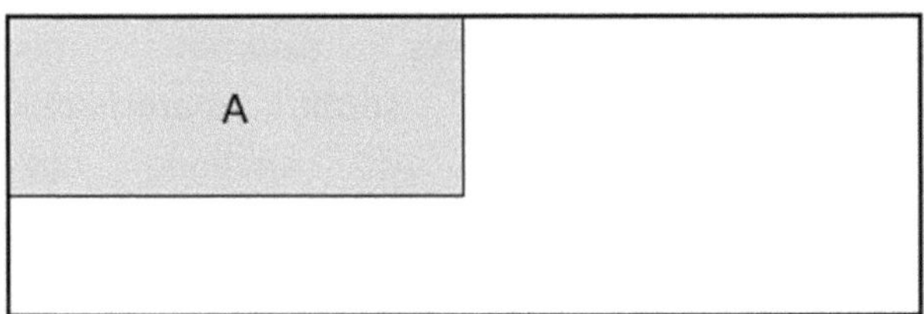

Figur 12.1. Diagram för delmängdsförhållandet $A \subseteq \Omega$.

Symbolspråk

Beteckna utfallsrummet med Ω, utfallet med A och låt $P(A)$ beteckna sannolikheten (=talvärdet på sannolikhetsfunktionen) för utfallet A. Symbolen $\in$ från mängdläran betyder *tillhör* och symbolen $\subseteq$ från mängdläran betyder *är delmängd till*. Jämför denna symbol med symbolen $\leq$.

Axiomet blir: För $A \subseteq \Omega$ gäller att $P(A) \in R$ och $P(A) \geq 0$. Med andra ord, att sannolikheten för ett utfall A inuti utfallsrummet är ett reellt tal och ett icke-negativt sådant.Sannolikheten är minst noll för ett utfall som ligger inuti utfallsrummet.

Axiom 2

Naturligt språk

Sannolikheten för att utfallet ligger i utfallsrummet är 1 (=100%).

Diagramform

Beteckna hela utfallsrummet med rutan nedan. Andelen av hela utfallsrummet är 100% av sig själv.

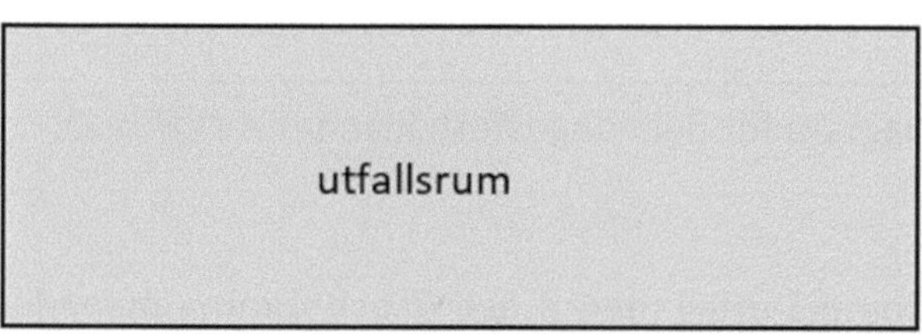

Figur 12.2. Diagram för delmängdsförhållandet $P(\Omega) = 1$.

Symbolspråk

Beteckna utfallsrummet med Ω. Axiomet blir: $P(\Omega) = 1$.

Axiom 3

En not till det tredje axiomet är just att det ger en regel för hur aritmetiska beräkningar fungerar för sannolikheter. Det tredje axiomet bygger direkt på partitionsprincipen, nämligen att dela upp mängder i disjunkta dekar.

Naturligt språk

Om två händelser är uteslutande, så går det att addera deras sannolikheter.

Diagramform

I diagrammet överlappar inte utfallen A och B varandra. Det betyder att sannolikheten för A och B tillsamman blir summan sannolikheten för A och sannolikheten för B.

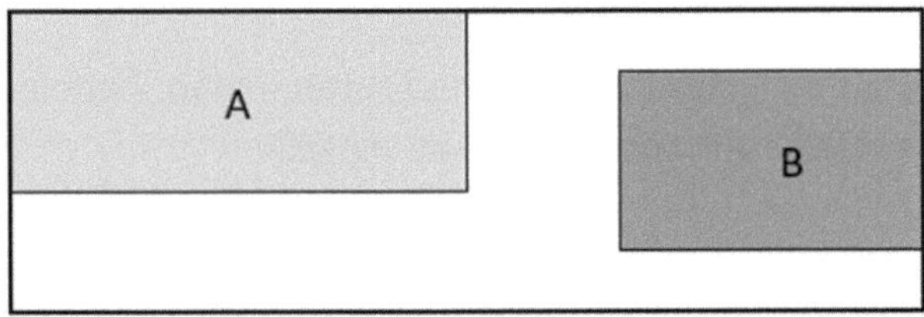

Figur 12.3. Diagram för delmängdsförhållandet $A \cap B = \emptyset$.

Symbolspråk

Beteckna två utfall med A och B och tomma mängden med $\emptyset$. Att en mängd är tom betyder att den inte har något element i sig. Använd mängdlärans symboler för union $A \cup \mathrm{B}$, som betyder allt som mängderna A och B har sammantaget och snitt $A \cap B$, som betyder allt som finns både i A och I B samtidigt. Att två händelser är uteslutande skrivs $A \cap B = \emptyset$ och de har då inga gemensamma element. Pilen $\Rightarrow$ betyder medför (logisk implikation).

Axiomet blir:

$$A \cap B = \emptyset \Rightarrow P(A \cup B) = P(A) + P(B).$$

Detta tredje axiom innehåller en andra del om fallet med oändligt men uppräkneligt många utfall, dvs. lika många utfall som det finns naturliga tal. Denna framställning hoppar över denna andra del av Kolmogorovs tredje axiom då det ligger utanför grundskolans och gymnasiets matematik.

Tärningskast får konkretisera vad axiomen betyder. Preciserar först noga vad utfallsrummet är, nämligen listan $\{1; 2; 3; 4; 5; 6\}$ av möjliga utfall. Det är standard att beskriva utfallsrummet med mängdlärans beteckningar där mängdens element räknas upp som en lista inuti klammerparenteser {}.

Skulle tärningen ställa sig på högkant, vilket inte är ovanligt på ett ojämnt underlag, så räknas det kastet som ogiltigt och vi kastar om igen. Denna avgränsning ger fullständig kontroll på vad utfallsrummet faktiskt är, nämligen att inga kast hamnar exempelvis mellan 2 och 3.

För tärningskasten blir axiom 1 att sannolikheten för att få exempelvis en tvåa är ett tal och detta tal är minst noll. Axiom 2 säger att sannolikheten för att få något av utfallen $\{1; 2; 3; 4; 5; 6\}$ är exakt ett (100%). För att illustrera axiom 3 får utfallen vara $A = \{udda\ antal\ prickar\}$ och $B = \{fyra\ prickar\}$. Axiom 3 säger i detta fall att $P(\{1,3,4,5\}) = P(\{1,3,5\}) + P(\{4\})$.

Några satser i sannolikhetslära

Med intuition som grund verkar det ibland rimligt att ett matematiskt påstående gäller. Men för att göra påståendet till ett tillåtet verktyg i matematiskt resonemang – en sats – krävs ett bevis (Grieser, 2018, kapitel 7). Därför är bevis centrala i matematik. I läroböcker förekommer det att ge en sats utan bevis om beviset är komplicerat eller innehåller många beräkningsdetaljer som ligger utanför kursens centrala mål. Det finns också flera olika anledningar till att ta med en sats. Det kan vara att visa en viss teknik för bevis, exempelvis direkt bevis eller motsägelsebevis. Det kan vara att visa att en ekvation saknar lösning eller att det faktiskt existerar minst en lösning men utan att beskriva hur man kan hitta lösningen. Detta avsnitt ger några exempel på hur matematiska bevis i sannolikhetslära kan se ut.

Sats om komplementhändelser

Denna sats är användbar då den säger att $P(A) = 1 - P(CA)$ där CA betecknar komplementet till utfallet A, alltså allt i hela utfallsrummet Ω som inte är A. Vid tärningskast är utfallen $\{2; 3; 4; 5\}$ komplementet till utfallen $\{1; 6\}$. Denna sats är användbar om det är krångligare att beräkna $P(A)$ än $P(CA)$. Ett exempel är att beräkna sannolikheten för att i ett tärningskast med tre tärningar få minst en femma. Då är det enklare att beräkna detta via komplementet genom $P(minst\ en\ femma) = 1 - P(inga\ femmor)$. Beviset är följande.

Påstående

$$P(A) = 1 - P(CA)$$

Ett bevis i naturligt språk och diagram och symbolspråk

Diagrammet illustrerar ett utfall A och dess komplement, betecknat med CA, som båda ligger inuti utfallsrummet Ω.

Definitionen av komplement ger att unionen av A och dess komplement CA är hela utfallsrummet Ω. Med mängdlärans symbolspråk blir detta $A \cup CA = \Omega$. Enligt axiom 2 är därför $1 = P(\Omega) = P(A \cup CA)$.

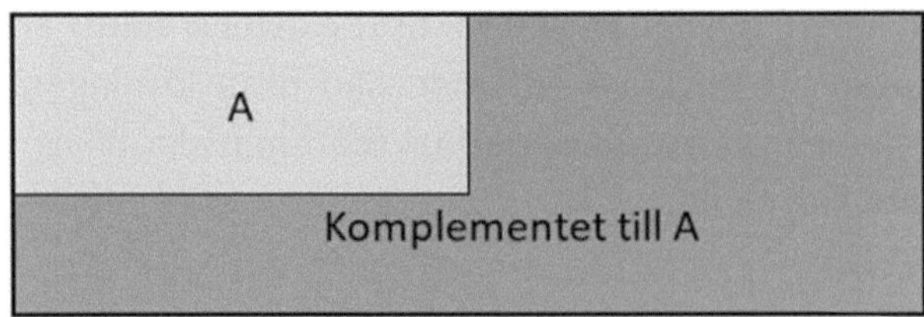

Figur 12.4. Diagram för delmängdsförhållandet $A \cup CA = \Omega$.

Definitionen av komplement ger att snittet av A och dess komplement CA är tomma mängden $\emptyset$. Med mängdlärans symbolspråk blir detta $A \cap CA = \emptyset$. Enligt axiom 3 är därför $P(A \cup CA) = P(A) + P(CA)$.

Tillsammans ger detta att $1 = P(A \cup CA) = P(A) + P(CA)$ och därmed är $P(A) = 1 - P(CA)$ vilket skulle bevisas.

Ett bevis i naturligt språk och symbolspråk

Beteckna ett utfall inuti Ω med A och beteckna dess komplement med CA. Eftersom $A \cup CA = \Omega$ ger axiom 2 att $1 = P(A \cup CA)$ och eftersom $A \cap CA = \emptyset$ ger axiom 3 att $P(A \cap CA) = P(A) + P(CA)$. Ur detta följer satsen $P(A) = 1 - P(CA)$.

Symbolspråk ger beviset en mycket kort form. Samtidigt kan det vara krävande för läsaren att hänga med. En väl vald figur, som i det beviset som använder diagram, kan förtydliga beteckningar. Notera också att denna variant av beviset har den utförliga ekvationen $1 = P(A \cup CA) = P(A) + P(CA)$. Att ge för många detaljer, som läsaren förmodligen tycker är enkla, kan göra texten trögläst. Å andra sidan, att som i det andra beviset hoppa över mellanled och gå direkt på resultatet, gör att läsaren själv måste fylla i detaljerna. Det är en balansgång att bestämma hur mycket detaljer som är lämpligt att ta med i skrift. Under en lektion kan det ibland vara bättre att ta sådana detaljer muntligt.

Sats om tomma mängden

En direkt följd av axiom 2 och satsen om komplementhändelser är att $P(\emptyset) = 0$. Beviset är kort. Komplementsatsen ger $1 = P(\Omega \cup \emptyset) = P(\Omega \cup \complement\Omega) = P(\Omega) + P(\complement\Omega)$. Av axiom 2 följer att $P(\complement\Omega) = 1 - P(\Omega) = 0$. Eftersom $\emptyset = \complement\Omega$ så är $P(\emptyset) = 0$.

Sats om att jämföra sannolikhet för delmängder

Följande sats är användbar då den ger ett verktyg för att jämföra sannolikheten för olika händelser. Den använder mängddifferens, som illustreras i figur 12.5b. Ett exempel i siffror är att om $A = \{1,2,3,4\}$ och $B = \{4, 5\}$ så är $A \backslash B = \{1,2,3\}$, dvs mängden A utan de element som finns i mängden B.

> Påstående
>
> Om utfallet *B* är en delmängd i utfallet *A*, i symbolspråk $B \subseteq \mathrm{A}$, så är $P(B) \leq P(A)$.

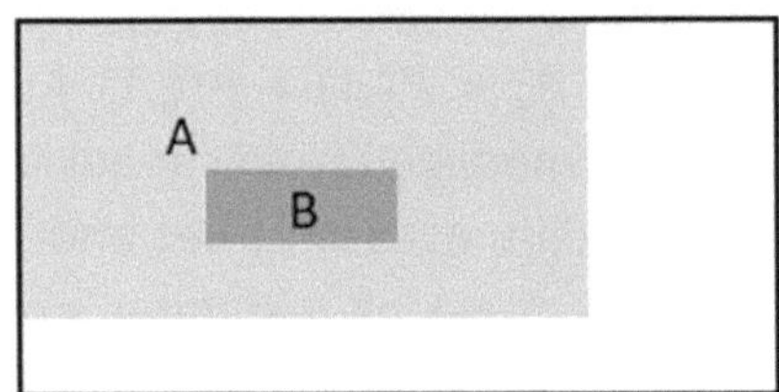

Figur 12.5a. Diagram för delmängdsförhållandet $B \subseteq \mathrm{A}$

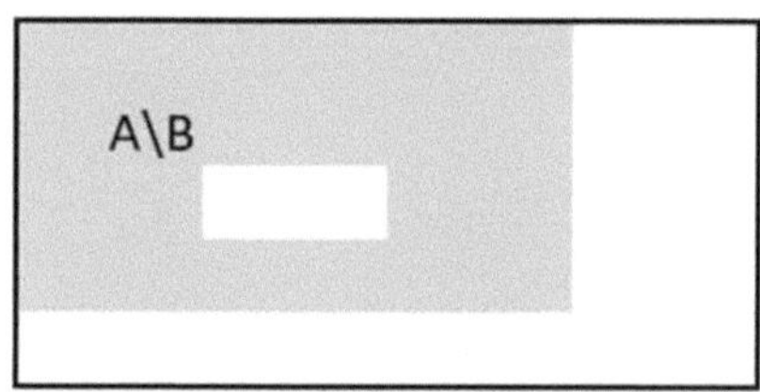

Figur 12.5b. Diagram för mängddifferensen $A\backslash B$.

Bevis

Beviset är som följer. Figur 12.5a illustrerar att $A = B \cup (A\backslash B)$ och därför är $P(A) = P\big(B \cup (A\backslash B)\big)$. Figur 12.5b illustrerar även att $B \cap A\backslash B = \emptyset$. Axiom 3 ger därför att $P\big(B \cup (A\backslash B)\big) = P(B) + P(A\backslash B)$. Tillsamman ger detta att $P(A) = P(B) + P(A\backslash B)$. Axiom 1 ger att $P(A\backslash B) \geq 0$ och tar vi bort $P(A\backslash B)$ från högerledet så blir resultatet $P(A) \geq P(B)$. Därmed är satsen bevisad.

Additionssats för ej uteslutande händelser

Om två mängder inte är uteslutande så kan man dela upp dem i uteslutande delar för att kunna addera sannolikheterna. Denna sats är en direkt motsvarighet till principen om inklusion och exklusion fast här bevisad och tillämpad för sannolikheter. Börja med att dela upp unionen av två mängder i $A \cup B = A \cup (B\backslash A)$ där $A \cap (B\backslash A) = \emptyset$ enligt definitionen av mängddifferens. Axiom 3 ger därför att $P(A \cup B) = P(A) + P(B\backslash A)$.

Dela upp även $B = (A \cap B) \cup (B\backslash A)$. Enligt definitionen av mängddifferens är $(A \cap B) \cap (B\backslash A) = \emptyset$. Därför ger axiom 3 att $P(B) = P(A \cap B) + P(B\backslash A)$. Omskrivning ger $P(B) - P(A \cap B) = P(B\backslash A)$ och detta sista led sätter vi in i uttrycket för $P(A \cup B) = P(A) + P(B) - P(A \cap B)$.

Sats om likformig fördelning

I läroböcker är det vanligt att en sats bevisas genom deduktiv härledning från andra satser och axiom. En nackdel med deduktiv härledning är att det inte ger en rättvis bild av hur matematiker arbetar. Det vanliga är istället att matematiker upptäcker ett mönster eller samband och vill undersöka om detta gäller generellt och undersöker vad som krävs för att bevisa ett påstående om sambandet. Som ett exempel på ett sådant undersökande arbetssätt tar vi det som kallas ”den klassiska sannolikhetsdefinitionen”. Den moderna sannolikhetsläran började med analys av tärningsspel. För välgjorda tärningar är sannolikheten lika stor ($= 1/6$) för varje sida att komma uppåt och detta kallas för likformig fördelning och ligger bakom formuleringen ”den klassiska sannolikhetsdefinitionen”.

Naturligtvis är långt från allt likformigt fördelat och ett exempel är att utfallsrummet $\{man; kvinna\}$ inte är likafördelat bland lärare i skolan. Men för tärningar kan vi pröva oss fram och experimentellt erfara att sannolikheten för att tärningen visar udda antal prickar är nära 50% och att vi kan skriva detta som bråket $3/6$ där tre av de sex möjliga utfallen $\{1; 2; 3; 4; 5; 6\}$ är gynnsamma för udda antal prickar. Det är därför rimligt att påstå att:

Påstående

I den klassiska sannolikhetsdefinitionen är

$$P(A) = \frac{antalet\ gynnsamma\ utfall\ för\ A}{antalet\ möjliga\ utfall}.$$

Men går det att härleda detta uttryck som en sats? Påståendet i den klassiska sannolikhetsdefinitionen är en ekvation och ett första steg i att arbeta fram ett bevis är ofta att illustrera situationen med en figur, här figur 12.6.

Figur 12.6. Diagram för *n* stycken möjliga utfall $A_1,\ldots, A_n$ i utfallsrummet Ω.

Figur 12.6 åskådliggör att utfallsrummet är unionen av alla möjliga utfall, i symbolspråk $\Omega = A_1 \cup A_2 \cup \ldots \cup A_n$. Men eftersom den klassiska sannolikhetsdefinitionen är ett numeriskt uttryck, så behöver vi göra om vänsterledet Ω och högerledet $A_1 \cup A_2 \cup \ldots \cup A_n$ till numeriska uttryck och det gör vi genom att beräkna och förenkla sannolikheterna var för sig för vänsterled och högerled.

Att tydliggöra förhållandet mellan vänsterled och högerled i ett bevis

Schemat i exempel 12.7 förtydligar att vänsterled och högerled behandlas separat i delar av beviset och att de efter omskrivning kan föras ihop till en ekvation.

Exempel 12.7. Didaktiskt schema för att separat skriva om vänsterled och högerled i en ekvation.

<table>
<tr><td>Vänsterled:
$VL = \Omega$.
För att beräkna vänsterledet passar Kolmogorovs första axiom, som ger att $P(\Omega) = 1$.</td><td>Högerled:
$HL = A_1 \cup A_2 \cup \ldots \cup A_n$.
För högerledet illustrerar figur 12.6 att varje par av utfall A_j och A_k är uteslutande. Därför passar Kolmogorovs tredje axiom för att beräkna högerledet till $P(A_1 \cup A_2 \cup \ldots \cup A_n) = P(A_1) + P(A_2) + \cdots + P(A_n)$.
I den klassiska sannolikhetsdefinitionen är alla sannolikheter lika stora, i symbolspråk $P(A_j) = P(A_k)$, för varje par av index *j* och *k*. Därför kan vi förenkla summan till $P(A_1) + P(A_2) + \cdots + P(A_n) = n \cdot P(A_k)$.</td></tr>
<tr><td colspan="2">Nu har vi förenklat vänsterled och högerled var för sig och kan sätta ihop dem till $1 = n \cdot P(A_k)$. Därmed blir sannolikheten för varje enskilt utfall $P(A_k) = 1/n$. Nämnaren *n* är antalet möjliga utfall och för att täljaren ska stämma med påståendet räcker det att bestämma antalet gynnsamma utfall A_k som tillsammans ger det sökta utfallet A. Därmed är beviset klart för påståendet om den klassiska sannolikhetsdefinitionen.</td></tr>
</table>

Oberoende

Gör följande tankeexperiment. Du har singlat slant och har fått 5 klave i rad, så nästa kast borde väl bli krona. Eller? För att hantera sådana situationer i stokastik är begreppet *oberoende* (eng. independent) användbart. Oberoende är ett centralt begrepp i sannolikhetslära och kan definieras både språkligt och med matematiska symboler och illustreras grafiskt.

Språklig definition

Två utfall är oberoende om de uppfyller att om det ena utfallet har hänt så påverkar det inte sannolikheten för den andra händelsen.

Symbolisk definition

Två händelser är oberoende om de uppfyller att $P(B) = P(B|om\ A\ har\ hänt)$.

Grafisk illustration

För oberoende händelser stödjer detta Venn-diagram att $P(A \cap B) = P(A) \cdot P(B)$.

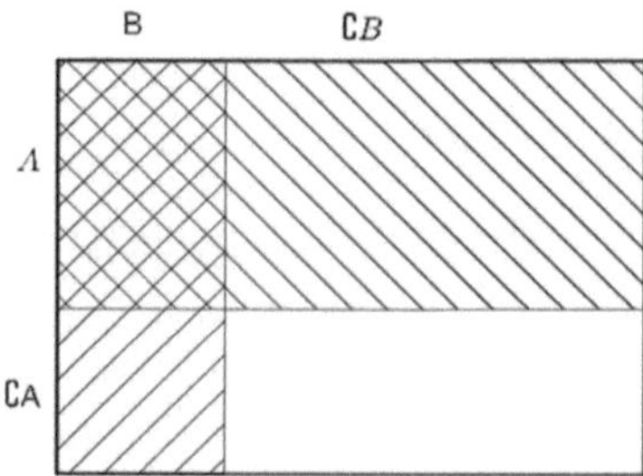

Figur 12.8a. Venn-diagram för oberoende händelser.

För oberoende händelser stödjer inte detta Venn-diagram att $P(A \cap B) = P(A) \cdot P(B)$.

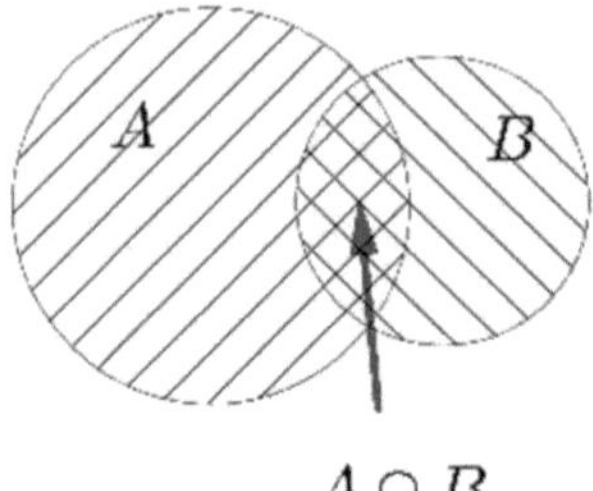

Figur 12.8b. Venn-diagram för oberoende händelser.

I den vänstra figuren blir det tydligt att definitionen $P(B) = P(B|A) = P(B|om\ A\ har\ hänt)$ kan skrivas om till $P(A \cap B) = P(A) \cdot P(B)$ nämligen att andelen av händelsen B i figuren är lika stor såväl i A som i komplementet $\complement A$. En lätt bevisad, men kanske inte helt intuitiv sats är att uteslutande utfall, alltså att $P(A \cap B) = 0$, inte är oberoende. Nämligen om $P(A) > 0$ och $P(B) > 0$ så blir ju produkten $P(A) \cdot P(B) > 0$. En språklig tolkning av denna sats är att om vi vet att en av dessa händelser har hänt så vet vi ju att den andra inte har hänt eftersom de är uteslutande. Därmed är de inte oberoende. Definitionen av oberoende kan utvidgas till en serie av utfall $P(A \cap B \cap C) = P(A) \cdot P(B) \cdot P(C)$.

Murphys lag

En smått humoristisk version av upprepade oberoende händelser är det som kallas Murphys lag, som ungefär säger att om något kan gå fel, så kommer det förr eller senare att gå fel. Ett exempel på enskilda händelser kan vara att slarva med trafiksäkerheten. Det må vara cykelhjälm, säkerhetsbälte i bilen, eller att inte se sig för när du korsar övergångsstället, byter fil, att köra bil lite för fort förbi skolan. Alrø m.fl. (2004) tog upp sådana exempel i årskurs 9. Varje sådan situation kan betraktas som oberoende av de andra, alltså att sannolikheten för en olyckshändelse inte påverkas av tidigare händelser. Samma matematik gäller även för att upprepat slarva med regelbundna hälsovanor för motion, mat och sovtider. Här kommer både begreppet oberoende och satsen om komplementhändelser till användning.

Murphys lag

Det är så liten risk att det sker en olycka, så "en gång är ingen gång", det händer inte mig.

Säg att sannolikheten för olycka är 0,001. Satsen om komplementhändelser ger att sannolikheten för att ingen olycka sker är 0,999. Om detta upprepas 1000 gånger så blir sannolikheten för ingen olycka $0{,}999^{1000}$. Använd åter igen satsen om komplementhändelser, som ger att sannolikheten för olycka blir $1 - 0{,}999^{1000} \approx 0{,}63$.

Betingning

Betingning illustrerat med räkneexempel

Betingning (eng. conditional) är i någon mening motsatsen till oberoende, nämligen att $P(B) \neq P(B|om\ A\ har\ hänt)$ uttalat "P av B då A har hänt". Nilsson och Lindström (2013) fann att grundskolelärare tycker att just betingning och sammansatta slumphändelser är svårt. Tänk dig följande experiment. I en fruktskål ligger tre äpplen och ett päron. Hur stor är sannolikheten att plocka ett päron och ett äpple? Lös detta med multiplikationsprincipen genom att numera frukterna 1...4 (eller som apelsin, banan, citron, dadel). Det blir $4 \cdot 3 = 12$ olika sätt. Om en av frukterna ska vara päron, så blir antalet sätt att plocka ett päron 1 och antalet sätt att plocka övriga frukter blir 3 olika sätt, tillsammans $1 \cdot 3 = 3$ sätt. Enligt den klassiska sannolikhetsdefinitionen (likafördelade; antal gynnsamma dividerat med antalet möjliga) blir sannolikheten för att få med ett päron av två frukter $3/12 = 25\%$.

Du blundar, snurrar på fruktskålen och plockar en frukt som visar sig vara just ett päron. Efter att detta har hänt, så är nu sannolikheten 100% att du får ett päron av två frukter. Å andra sidan, hade du första gången plockat ett äpple, så ger multiplikationsprincipen 3 möjligheter av att plocka ytterligare en frukt varav 1 sätt är att plocka ett päron, således sannolikheten $1/3$ att få ett päron.

Betingning illustrerat i en figur

Denna situation ställer oss inför nödvändigheten att kunna skilja mellan följande situationer: Om vi inte vet något i förväg så är sannolikheten $1/4$ medan om vi vet något i förväg så är sannolikheterna i dessa fall 1 respektive $1/3$ beroende på vad utfallet blev i första dragningen.

Att sannolikheten ser olika ut före respektive efter att vi har fått reda på att något har hänt kallas betingning. Figur 12.x4 illustrerar på två sätt hur detta ser ut grafiskt. Sannolikheterna är $P(B) = 6/15$ markeras i mellangrått i övre högra delfiguren och $P(A) = 10/15$ markeras i ljusgrått i nedre vänstra delfiguren medan snittet $P(A \cap B) = 2/15$ markeras i mörkgrått i övre vänstra och nedre högra delfiguren. Här gäller att om man vet att händelsen A har inträffat, så blir $P(B|om\ A\ har\ hänt) = 2/10$ och även att $P(A|om\ B\ har\ hänt) = 2/6$. En kortare beteckning för detta är $P(B|A)$ respektive $P(A|B)$. Den nedre högra delfiguren i figur 12.x4 har fördelen att bevara antalet rutor korrekt medan den övre vänstra delfiguren framhäver geometriskt att det inte fungerar att multiplicera $P(A) \cdot P(B)$ för att beräkna $P(A \cap B)$ då området $A \cap B$ inte är en rektangel.

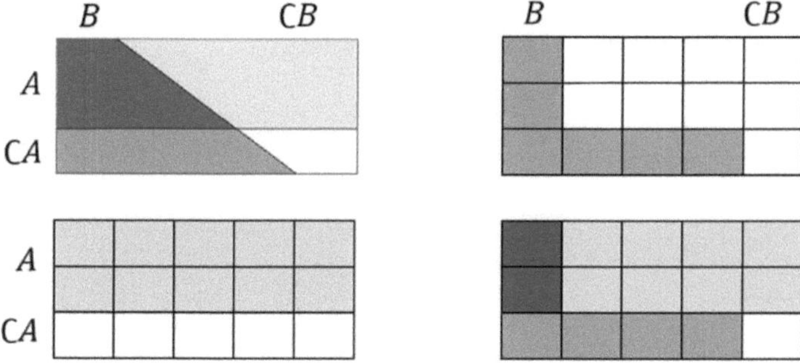

Figur 12.9. Betingning illustrerat med två olika Venn-diagram.

Betingning kan uppträda i situationer där man har gjort en statistisk undersökning och ska tolka resultatet. Ett exempel är en studie där data visade ett samband mellan att barn lärde sig läsa tidigare och att deras pappor tog ut tydligt mer än genomsnittet av antalet dagar som pappor brukar ta ut i föräldraledighet. Det är förvillande lätt att tolka detta som att om fler pappor tog ut fler dagar föräldraledigt, så skulle barnen lära sig läsa tidigare. De som tolkade denna studie misstänkte dock att det fanns en annan bakomliggande förklaring till detta och fann strax att pappor med akademisk utbildning i genomsnitt tog ut fler dagar föräldraledigt än andra pappor. Det är ju också så att det mesta av föräldraledigheten används långt innan barnen kommer i läsåldern. Därmed blev slutsatsen av studien att barnens läskunnighet berodde på att dessa pappor är akademiker och inte just på att de är föräldralediga mer än genomsnittet.

Nödvändigheten att kunna beskriva situationer som fruktfat och föräldralediga pappor gör betingning till ett centralt begrepp i sannolikhetslära. I matematiska symboler definieras det som $P(B|A) = \frac{P(A \cap B)}{P(A)}$. Matematiskt innebär det att betrakta A som det nya utfallsrummet Ω och därmed skala om $P(A \cap B)$ med en faktor $1/P(A)$.

Kapitel 13 – Fördelningar som modeller

Tänk dig att du har ansvaret för att planera bemanningen av en rörelse. Det kan vara personalen i ett mindre matställe eller en större butik. Kunder kommer in i butiken, ibland lite tätare och ibland lite glesare. Du ska planera bemanningen så att alla får lagom snabb service. Korta väntetider kräver att du har tillräckligt mycket personal för att hantera toppar i kundflödet. Samtidigt kostar det kanske mer än butiken tjänar om personalen är undersysselsatt mellan topparna. Å andra sidan, är det för lite personal, så blir köerna ibland långa och kunderna kanske lär sig att undvika din butik och då gör butiken förluster på grund av för få kunder. Hur kan man dimensionera bemanningen så att den passar kundflödet? Samma situation gäller lagerhållning av diverse produkter. Stora lager kostar och små lager gör att leveranstiderna ibland blir så långa att kunderna söker sig till andra leverantörer. Hur hittar man en lagom storlek på varje enskild vara i lagret?

Detta exempelproblem antyder att statistiska fördelningar har egenskapen att de går att använda som matematiska modeller för att beskriva verkliga fenomen. Därmed blir fördelningar ett tema för detta kapitel då de används i stokastiska modeller.

Begreppet fördelning

Ordet *fördelning* är ett viktigt begrepp i stokastik. Ordet fördelning syftar på diagrammets utseende i allmänhet men också preciserat och kvantiserat genom begreppet *fördelningsfunktion* (eng. distribution function), som är den kumulativa relativa frekvensen för ett utfallsrum. Här finns ett flertal synonymer, som har gemensamt att ta med ordet kumulativ, exempelvis kumulativ fördelningsfunktion (eng. cumulative distribution function), kumulativ frekvensfunktion (eng. cumulative frequency function), kumulativ sannolikhetsfunktion (eng. cumulative probability function).

Fördelningsfunktionens definition bygger direkt på Kolmogorovs tre axiom genom att gå från 0 (0%) till 1 (100%), vilket motsvarar axiom 1 och 2 och gör detta genom att addera sannolikheten för varje uteslutande utfall, vilket motsvarar axiom 3.

Tärningar för ordningsnivå respektive måttnivå

Att fördelningsfunktioner är kumulativa betyder att de inte är definierade på kategorinivå. Dessutom är det nödvändigt att skilja på fördelningar av data på måttnivå respektive ordningsnivå då frekvensfunktioner $p(x)$ för måttnivå är funktioner $f(x)$ av ett reellt tal x medan ordningsnivå är en funktion av heltal, exempelvis likertskala för ordningsnivå. För att konkretisera dessa skillnader, tänk dig att istället för en vanlig kubisk tärning göra en polygon-tärning, som skulle kunna ha tolv sidor som i figur 13.1. Om en sådan tärning görs så pass bred att den inte trillar omkull när man rullar den, så kan den fungera som en vanlig tärning där man avläser det värde som ligger överst på tärningen.

Varje utfall i en sådan fördelning är ett exakt värde, exempelvis 3 och inte 2,999 eller 3,001. Om man rullar en sådan tärning upprepade gånger, så kommer polygon-tärningen att förr eller senare igen visa exakt utfallet 3. För en statistisk undersökning på ordningsnivå är det vanligt att utfallen förekommer flera gånger, vilket bygger på postfacksprincipen.

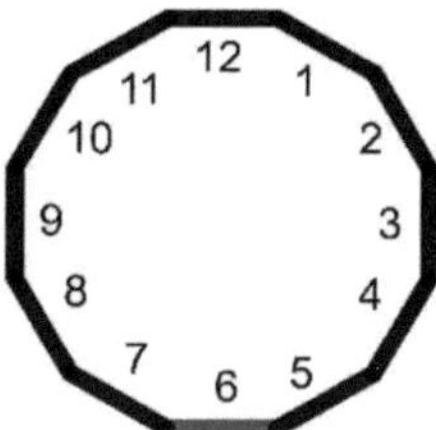

Figur 13.1. Tolvsidig ring-tärning (polygon-tärning).

Gör nu om den tolvsidiga polygon-tärningen till en cirkelrund ring-tärning. Måttnivå fungerar likadan som ordningsnivå så länge man avrundar, men sett som en matematisk funktion $f(x)$, så finns det ju oändligt många åtskilda reella tal mellan 2,999 och 3,001 och formulerat som ett gränsvärde $\lim_{\varepsilon \to 0} Sannolikheten(|x-3| < \varepsilon) = 0$ så gäller att sannolikheten att slå exempelvis exakt talet 3 på en cirkelrund ring-tärning är noll.

Samband mellan fördelningsfunktion och frekvensfunktion

Dessa skillnader mellan måttnivå och ordningsnivå är orsaken till att den matematiska beskrivningen av den relativa frekvensen skiljer sig åt mellan måttnivå och ordningsnivå och fördelningarna delas ofta in i kontinuerliga fördelningar, som är funktioner av data på måttnivå, respektive diskreta fördelningar, som är funktioner av data på ordningsnivå. Beteckningen av fördelningsfunktionen är ofta densamma, nämligen $F(x)$ med stor bokstav, eller ofta $P(x)$ efter franskans probabilité (sannolikhet) medan frekvensfunktionen har små bokstäver $f(x)$ alternativt $p(x)$. För ordningsnivå är ett samband mellan den kumulativa fördelningsfunktionen och dess frekvensfunktion att $P(x \leq k) = \sum_{j \leq k} p(j)$. Med andra ord, fördelningsfunktionen är summan av alla relativa frekvenser (sannolikheter) från utfallsrummets minsta ordningsvärde värde upp till utfallet $x = k$ för alla utfall x i utfallsrummet. Ett annat samband är att $p(x = k) = P(x \leq k) - P(x \leq k - 1)$, lite smidigare uttryckt som $p(k) = P(k) - P(k - 1)$.

För måttnivå blir detta samband istället en derivata genom att $p(x) = P'(x \leq k)$ där $p(x)$ är frekvensfunktionen. Fördelningsfunktionen blir en integral genom $P(x \leq k) = \int_{-\infty}^{k} p(x)dx$.

Statistiska mått ur fördelningsfunktionen

I grafer blir det tydligt att fördelningar kan ha olika geometriska egenskaper. De kan vara symmetriska som normalfördelningen eller asymmetriska som exponentialfördelningen. Definitionen av medianen är mitten av data och det betyder att medianen är lösningen till ekvationen $P(x) = 1/2$. Medelvärdet är matematiskt knepigare att bestämma och motsvarar fysikens moment (gungbrädans fysik), vilket görs i avsnittet om väntevärdesoperatorn.

Fördelningsfunktioner kan också beskrivas av hur långt intervallet är från exempelvis undre till övre kvartil, vilket motsvarar spridningsmåttet kvartilavstånd. Det kan formuleras som att lösa de två ekvationerna $F(q_3) = 0{,}75$ och $F(q_1) = 0{,}25$ och beräkna kvartildifferensen $q_3 - q_1$.

Frekvensfunktionen $f(x) = F'(x)$ har en maximal höjd, vilket motsvarar typvärdet. I en graf för frekvensfunktionen är typvärdet en lösning till ekvationen $f'(x) = 0$. Om en funktion har flera toppar och därmed dalar, så måste man undersöka att derivatans nollställe är en topp och att denna topp är högst.

Den relativa frekvensen själv kallas ibland frekvensfunktion (eng. frequency function). Ordet frekvensfunktion sammanfattar orden sannolikhetsfunktion (eng. probability function) för ordningsnivå och täthetsfunktion (eng. density function; probability density function, ofta förkortat pdf) för måttnivå. För att inte belasta texten i onödan använder denna framställning främst ordet frekvensfunktion om både sannolikhetsfunktion och täthetsfunktion. Om sammanhanget är tydligt och risken för missförstånd är liten, så är det vanligt att i statistiklitteratur slarva med terminologin och använda endast ordet fördelning om både fördelningsfunktion och frekvensfunktion och även om absolut eller relativ frekvens.

Matematisk modellering

Det som gör matematiken till ett så kraftfullt tankeredskap för att modellera fenomen i vår omvärld är principen om reduktionism (Niss, 2015). Reduktionism syftar på att bortse från detaljer och renodla gemensamma drag hos olika fenomen. Den stora fördelen är att det går att numeriskt hantera mycket olika fenomen på ett likartat sätt. Exempelvis behöver man inte ha en matematisk teori för att beskriva hastighet hos sniglar och en annan matematisk teori för att beskriva hastighet hos snabbtåg då båda fenomenen kan beskrivas med samma ekvation, nämligen $sträcka =$

hastighet · tid. Denna matematiska modell bortser dock från allt utom just hastighet.

Ett exempel på detta är att om en snigel skulle röra sig lika hastigt som en skidåkare, så skulle den behöva förbruka mycket vätska per tid och förmodligen få brännskador av friktionen. Ett skämtsamt sätt att beskriva vad reduktionism innebär, är att säga att de matematiker som håller på med topologi (populärt beskrivet som gummibandsgeometri) inte kan se skillnad på en kopp te, en munk och ett cykeldäck då dessa har ett enda hål men i övrigt är sammanhängande. Att inte skilja på om man stoppar en munk eller cykeldäck i munnen är förstås att bortse från verkligheten, vilket ibland ger reduktionism en dålig klang.

För att göra matematisk modellering användbar är det därför nödvändigt att beskriva modelleringsprocessen som i exempelvis figur 13.2 (Blum & Ferri, 2009) där man går fram och tillbaka mellan verklighet och matematikens reduktionism och eventuellt förbättrar modellen tills den ger en rimligt god (giltig) beskrivning av det fenomen den modellerar. Modelleringsprocessen i figur 13.2 är mycket använd inom matematikdidaktisk forskning.

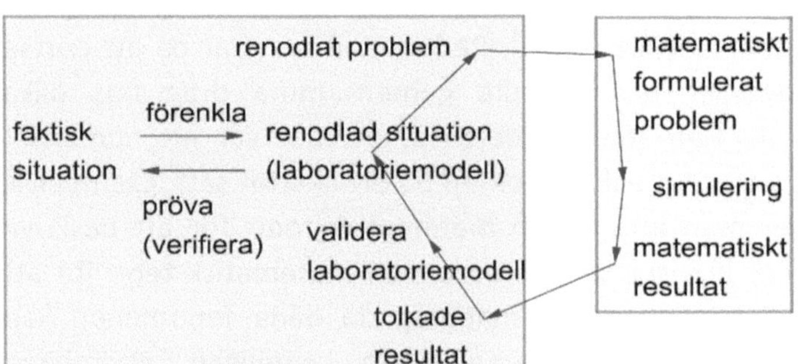

Figur 13.2. Matematisk modellering som en iterationsprocess.

I matematikundervisning är öppenhet en utmärkande egenskap hos modelleringsproblem. Nohda (2000) beskrev tre typer av öppenhet.

(1) Öppen start: Uppgiften går att tolka på flera relevanta och matematiskt meningsfulla sätt eller att det går att på relevanta sätt justera formuleringen i den ursprungliga uppgiftsformuleringen, ofta med syftet att förenkla ett komplext problem till ett hanterbart problem (Pólya, 1990).

(2) Öppen mitt: Här är processen öppen i den meningen att uppgiften tillåter flera sätt att representera och behandla uppgiften matematiskt, såsom numeriska, algebraiska eller geometriska sätt och även med olika sätt inom en och samma representationsform. Detta betonar Duval (2006) som viktigt för att lära sig matematik.

(3) Öppet slut: Öppet slut avser uppgifter med flera korrekta svar.

Stokastiska modeller

Stokastiska modeller beskrivs ofta med någon fördelningsfunktion, exempelvis normalfördelning. Matematiska modeller är i sig själva inte något som kan bevisas på samma sätt som matematiska satser. Istället gör man experiment och väljer en deterministisk eller stokastisk modell som ger en god beskrivning av experimentets resultat. Detta gäller särskilt deterministiska modeller såsom Newtons gravitationslag och Einsteins relativitetsteori, men även sannolikhetsmodeller som kvantmekaniken och ofta inom termodynamiken (värmeläran), som också kallas statistisk fysik och ett specifikt exempel är allmänna gaslagen.

En skillnad mellan modeller i exempelvis fysik och sociologi är att i fysik kan spridningsmåtten ibland vara fantastiskt små medan detta sällan är fallet för modeller där växters, djurs och människors beteenden modelleras. Detta hindrar dock inte att en skotillverkare som tillverkar 100 000 par skor att leverera till Europa, mycket noga kan bestämma hur många skor av varje storlek man ska tillverka. Sedan kan ju den enskilda skoaffären trots det ha slut på just den storlek du önskar.

Datanivå och fördelningar

För att kunna undersöka slumpfenomen med fördelningsfunktioner, alltså en relativ frekvens som funktion av datanivåns värden, så krävs det att slumpfenomenet är numeriskt så att frekvensen kan placeras längs en tallinje. Exempelvis är dygnsnederbörd och elevers längd på måttnivå. En attitydundersökning om smakupplevelser har ordningsnivå och detta går att formulera om numeriskt i form av Likertskala. Däremot uppfyller inte en undersökning på datanivån kategori detta krav.

Att skilja mellan kategorinivå och övriga datanivåer har att göra med att kategorinivå kan sorteras i valfri ordning medan ordningsnivå och måttnivå endast kan sorteras i fallande eller stigande ordning. Huvudregeln är därför att data måste ha lägst ordningsnivå (i form av numerisk Likertskala) för att ett slumpfenomen ska kunna beskrivas med en fördelningsfunktion. Ett undantag från denna regel är att för en del undersökningsfrågor är det relevant att sortera kategoridata i stigande eller avtagande frekvens, som då tilldelas en nummerordning vanligast, näst vanligast och så vidare och därmed får ordningsnivå.

Symmetri och fördelningar

Ytterligare en egenskap hos fördelningsfunktioner är symmetri och asymmetri. Antalet prickar vid tärningskast ger en symmetrisk fördelning. Asymmetriska fördelningar behövs för att beskriva differens mellan två tärningar. Även inkomstfördelning och dygnsnederbörd ger vanligen asymmetriska fördelningar. För varje kombination av symmetri och datanivå behövs en egen fördelningsfunktion och tabell 13.3 visar några fördelningar, som räcker till att modellera många stokastiska fenomen. Det finns fler fördelningar, men de ligger utanför syftet med denna bok även om några nämns vid namn, dock utan att gå in på detaljer.

Tabell 13.3. Några fördelningars egenskaper.

Datanivå	Symmetrisk	Asymmetrisk
Ordning	Binomial Hypergeometrisk Likformig	ffg (=för första gången) Poisson
Mått	Likformig Normal	Exponential

Binomialfördelning som modell

Översikt 13.4. Binomialfördelningen.

Kort beteckning

$Bin(n; p)$

Frekvensfunktion

$f(x = k) = \binom{n}{k} p^k (1-p)^{n-k}$ där $k = 0,1, \dots, n$.

Fördelningsfunktion

$F(0 \leq k \leq n) = \sum_{k=0}^{n} \binom{n}{k} p^k (1-p)^{n-k}$.

Två alternativ för anrop i kalkylblad

$= BINOM.FÖRD.INTERVALL(n; p; k1; k2)$

för $\sum_{k1}^{k2}$ där $k_1 = k_2$ ger frekvensfunktionen.

$= BINOM.FÖRD(k; n; p; SANT)$

där $SANT$ ger fördelningsfunktionen och $FALSKT$ ger frekvensfunktionen.

Exempel 13.5. Grobarhet hos frön.

Du vill odla plantor av en svårodlad typ och deras frön har grobarheten endast 40%. Du planterar 10 frön. Hur stor är sannolikheten att åtminstone hälften gror?

En typ av problem som kan beskrivas med binomialfördelningen (eng. binomial distribution) är andelen lyckade försök och exempel 13.5 är ett sådant. Översikt 13.4 ger binomialfördelningens algebraiska formulering och dess grafiska utseende för $n = 10$ och $p = 0{,}4$, vilket motsvarar grobarheten för de 10 fröna i exempel 13.5. Fördelningsfunktionen $P(k)$ i översikt 13.4 är den kumulativa sannolikheten att högst k frön gror och för att få sannolikheten för att minst fem frön gror så behövs komplementet $1 - P(k \leq 4)$ vilket ur figuren i 13.4 blir ungefär $\approx 1 - 0{,}6 = 0{,}4$, alltså ca 40%. Med kalkylblad kan detta beräknas som $= 1 - BINOM.FÖRD(4; 10; 0{,}4; SANT)$, där den sista variabeln har värdet $SANT$ för fördelningsfunktonen (kumulativ) och $FALSKT$ för frekvensfunktionen, som alltså har syntaxen där det sista argumentet är den logiska variabeln

Binomialfördelningen har haft avgörande betydelse i vetenskapshistorien. Ett exempel är Mendels upptäckt av genetiska ärftlighetslagar, när han undersökte bland annat färg hos ärtor och fann att en färg ärvdes med sannolikheten p och en annan färg med sannolikheten $1 - p$. Ett annat exempel är att Einstein år 1905 publicerade en artikel som handlar om slumpvandringar, vilket kan beskrivas med binomialfördelningen. Ett enkelt exempel på slumpvandring är att på en tallinje med heltal ställa en spelpjäs i origo och sedan kasta två tärningar, en röd och en grön, och flytta differensen grön minus röd steg längs tallinjen. Hur många kast behövs det i genomsnitt innan man hamnar på origo?

Redan 1827 beskrev Robert Brown att han i ett mikroskop kunde se pollenkorn i vatten röra sig slumpmässigt hit och dit och detta fenomen kom att kallas Brownsk rörelse. År 1905, alltså nästan 80 år senare publicerade Einstein en artikel där han förklarade Brownsk rörelse med slumpvandringar, nämligen att det är knuffar från molekyler som gör att pollenkornen knuffas hit och dit. Artikeln blev mycket viktig inom fysiken då den gav en teoretisk förklaring av Browns experimentella resultat och som sådan ett bevis för molekylers och atomers existens.

En historisk not är att Einstein publicerade ytterligare tre banbrytande artiklar år 1905. Han fick nobelpriset 1921 för artikeln om den fotoelektriska effekten, vilket är fysiken för hur LED-lampor fungerar. En tradition för nobelpriset i fysik är att belöna upptäckter som har både experimentellt och teoretiskt stöd och då ansåg nobelkommittén att detta stämde bäst på artikeln om den fotoelektriska effekten. De två andra artiklarna handlar om ekvivalensen mellan massa och energi uttryckt i formeln $E = mc^2$ och om den särskilda relativitetsteorin – att inget kan färdas fortare än ljuset.

Härledning av binomialfördelningen ur kombinatoriken

Binomialfördelningen går att härleda som en kombination av de två urnmodellerna fall 4 och fall 5 i tabell 7.16 i del 1 av denna bok. Fall 4 är dragning med återläggning motsvarande n^k. Fall 5 är dragning utan återläggning och utan hänsyn till ordningen motsvarande $\binom{n}{k}$.

Minns att fall 5 gav att polynom kan beskrivas med hjälp av binomialkoefficienter $(a+b)^n = \sum_{k=0}^{n} \binom{n}{k} a^k b^{n-k}$ eftersom detta motsvarar att i n dragningar få k stycken a och övriga $n-k$ stycken blir faktorn b. Skriv om detta som $1 = \frac{\sum_{k=0}^{n}\binom{n}{k} a^k b^{n-k}}{(a+b)^n}$ vilket beskriver att sannolikheten är 1 för att få något av alla möjliga utfall. Fördela sedan om nämnarens faktorer $(a+b)^n = (a+b)^k (a+b)^{n-k}$ på täljarens faktorer a^k och b^{n-k} så att högerledet blir $\sum_{k=0}^{n} \binom{n}{k} \left(\frac{a}{a+b}\right)^k \left(\frac{b}{a+b}\right)^{n-k}$.

Minns även att fall 4 för polynom motsvarar att kunna välja faktorn a utan att andelen $\frac{a}{a+b}$ av faktor a ändras. Det betyder att sannolikheten $p = \frac{a}{a+b}$ är konstant oavsett hur många gånger vi tidigare har dragit faktorn a ur urnan och fall 4 ger därför $\left(\frac{a}{a+b}\right)^k$ antal fall. Motsvarande gäller för $\frac{b}{a+b} = 1 - p$, vilket motsvarar att andelarna av a och b är varandras komplement. En term i denna summa motsvarar sannolikheten för att få exakt k stycken utfall a, alltså $p(k) = \binom{n}{k} p^k (1-p)^{n-k}$.

För första gången fördelning som modell

Översikt 13.6. ffg-fördelning.

Kort beteckning

$ffg(p)$

Frekvensfunktion

$f(k) = p(1-p)^{k-1}$ där $k = 1,2, \ldots.$

Fördelningsfunktion

$F(1 \leq k) = \sum_{k=1}^{\infty} f(x = k)$

Anrop i kalkylblad

$= BINOM.FÖRD.INTERVALL(k; p; 1; 1)/$
$KOMBIN(k; 1)$

Exempel 13.7. Tärningskast och ffg-fördelning.

Du spelar ett tärningsspel och fick nyss en sexa. Hur många kast behöver du i genomsnitt vänta tills du får sexa nästa gång?

Situationen i exempel 13.7 motsvarar att envist upprepa ett försök tills man lyckas vid det $k{:}te$ försöket efter $k - 1$ misslyckade resultat i rad. Kalkylbladsanropet i översikt 13.6 visar dess likhet med binomialfördelningen. Redan Cardano undersökte denna sannolikhetssituation under 1500-talet och det gjorde även Pascal under 1600-talet (Katz, 1998, s.451) och deras arbeten brukar anses som början på den moderna stokastiken. Den engelska benämningen är ”first hit(ting) time distribution” alternativt ”first success distribution”.

Hypergeometrisk fördelning som modell

Översikt 13.8. Hypergeometrisk fördelning.

Kort beteckning

$Hyp(N; n; p)$

Frekvensfunktion

$$f(x = k) = \binom{Np}{k}\binom{N(1-p)}{n-k} \Big/ \binom{N}{n}$$

där k samtidigt måste uppfylla olikheterna

$0 \leq k \leq Np$ och $0 \leq n - k \leq N(1-p)$

Fördelningsfunktion

$F(k) = \sum_{k=0}^{n} f(x = k)$

Anrop i kalkylblad

$= HYPGEOM.FÖRD(k; n; Np; N; SANT)$

där $SANT$ ger fördelningsfunktionen och $FALSKT$ ger frekvensfunktionen.

Att kasta en tärning motsvarar att kunna upprepa ett försök hur många gånger som helst utan att sannolikheten för att få en trea ändras. Detta är den situation som binomialfördelningen modellerar och som urnmodell motsvarar det dragning med återläggning, nämligen om det i en skål finns tre gröna och två röda kulor så förblir andelen grön $3/(2+3)$ hela tiden. Typsituationen för ett stickprov motsvarar istället att inte lägga tillbaka kulorna. Ett exempel på en opinionsundersökning med återläggning motsvarar fallet att upprepat fråga en och samma person flera gånger ”Vilket parti skulle du rösta på om det vore val idag?". Om inte personen tröttnar, så skulle personen nog ge samma svar alla gångerna och resultatet för denna opinionsundersökning skulle bli att ett parti skulle få 100% av rösterna och medan övriga partier får 0%. Detsamma gäller för attitydundersökningar och medicinska behandlingar. Det går inte för sig att utvärdera effekten av en behandling 100 gånger på endast en person. Istället tillåter denna typ av statistiska undersökningar att varje försöksobjekt förekommer högst en gång.

Härledning av den hypergeometriska fördelningen ur kombinatoriken

Matematiskt kan detta beskrivas med kombinatorik. Låt de två enda möjliga utfallen vara $a =$ gynnsam och $b =$ ogynnsam. Om det vore möjligt att undersöka en hel population av försöksobjekt (som inte behöver vara människor), så skulle utfallet bli a stycken gynnsamma utfall och b stycken ogynnsamma utfall. Men nu är det möjligt att undersöka endast n stycken ur hela populationen $N = a + b$.

Multiplikationsprincipen för dragning utan återläggning och utan hänsyn till ordningen ger $\binom{a+b}{n}$ möjliga utfall. Tänk att du genomför denna undersökning och av de n undersökta blir utfallen k gynnsamma och $n - k$ ogynnsamma. Sannolikheten för just detta utfall är $\binom{a}{k}\binom{b}{n-k}/\binom{a+b}{n}$.

Den matematiska situationen är att vi känner till antalet i hela populationen $N = a + b$ men inget av antalen a eller b var för sig. Däremot går det att beskriva andelen a i populationen med kvoten $p = a/(a + b)$ vilket ger denna fördelning utseendet i översikt 13.8. Att välja kvoten p som parameter motsvarar att det är just andelen gynnsamma utfall som är den sökta storheten.

Likformig fördelning som modell

Översikt 13.9. Likformig fördelning för ordningsnivå och måttnivå.

Kort beteckning

Ordningsnivå: $Likform(n)$,

Måttnivå: $Likform(a; b)$

Frekvensfunktion

Ordningsnivå: $f(x = k) = \begin{cases} \frac{1}{n} & k = 1,2,\dots,n \\ 0 & annars \end{cases}$

Måttnivå: $f(x) = \begin{cases} \frac{1}{b-a} & a \le x \le b \\ 0 & annars \end{cases}$

Fördelningsfunktion

Ordningsnivå: $F(x \le k) = \begin{cases} 0 & k \le 0 \\ k/n & k = 1,2,\dots,n \\ 1 & k > n \end{cases}$

Måttnivå: $F(x) = \begin{cases} 0 & x \le a \\ \frac{(x-a)}{(b-a)} & a \le x \le b \\ 1 & x > b \end{cases}$

Exempel 13.10. Kundflöde.

Du sitter utanför ett köpcentrum och väntar på en kompis. Det är strax efter öppningstid och ganska många på väg in. Du får för dig att under 5 minuter notera klockslaget för när personer går in i köpcentrumet och senare på eftermiddagen sätter du in dessa tider i ett kalkylblad och ritar diagrammet 13.10a där den jämna strömmen av kunder in till köpcentrumet är en tidsserie som bildar en någorlunda rät linje. Du gör också frekvensdiagrammet i figur 13.10b över antalet personer som under varje period om 30 sekunder ankommer till köpcentrumet.

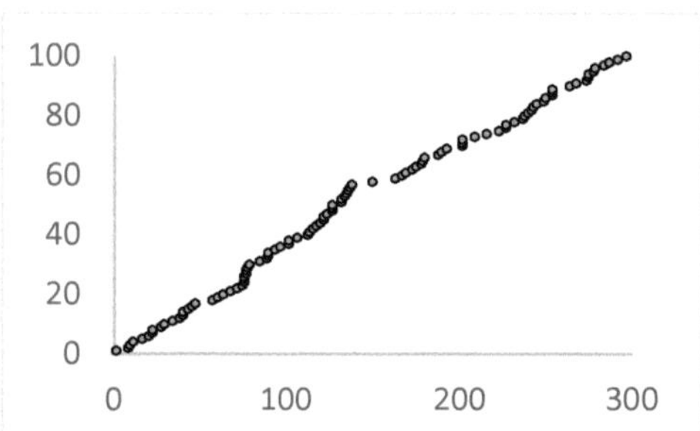

Figur 13.10a. Tidsserien tid i sekunder (0–300s) för ankomst.

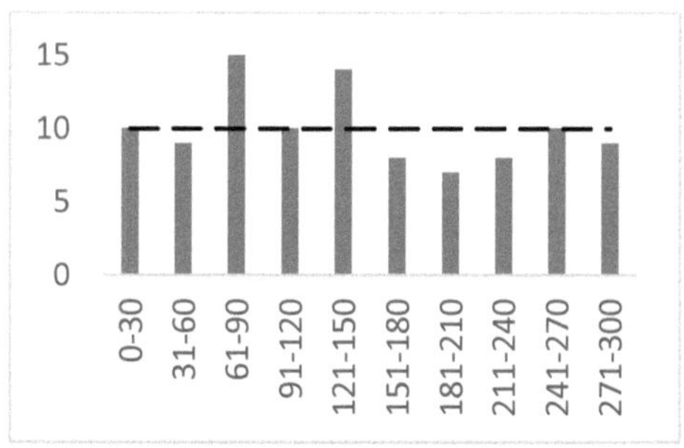

Figur 13.10b. Frekvensdiagrammet antal ankomna per halvminut (per 30 s).

Figur 13.10a är ett kumulativt diagram av hur likformigt fördelade data kan se ut. Frekvensdiagrammet i figur 13.10b blir ett stapeldiagram med en medelvärdeslinje och formen på det gör att likformig fördelning (eng. uniform distribution) ibland kallas rektangelfördelning. Det är samma typ av fördelning som ett stort antal tärningskast skulle ge, nämligen ungefär jämnhöga staplar. Den likformiga fördelningen har algebraiskt och grafiskt utseende enligt översikt 13.9.

Exponentialfördelning som modell

Översikt 13.11. Exponentialfördelningen.

Kort beteckning

$Exp(m)$

Frekvensfunktion

$f(x) = \frac{1}{m} e^{-x/m}$ där $0 \leq x$

Fördelningsfunktion

$F(x) = 1 - e^{-x/m}$

Anrop i kalkylblad

$= EXPON.FÖRD(x; 1/m; SANT)$ där $SANT$ ger fördelningsfunktionen och $FALSKT$ ger frekvensfunktionen.

Exempel 13.12. Tidsdifferens mellan ankomster.

Du betraktar dina data från exempel 13.10. Hur skulle diagrammet se ut om du beräknar differensen i tid mellan varje person som anländer till köpcentrumet? Exempelvis om en person anländer vid tiden 22 sekunder och nästa vid tiden 27 sekunder, så är differensen 5 sekunder. Detta är lätt att beräkna i ett kalkylblad och resultatet blir frekvensdiagrammet i figur 13.12a

---

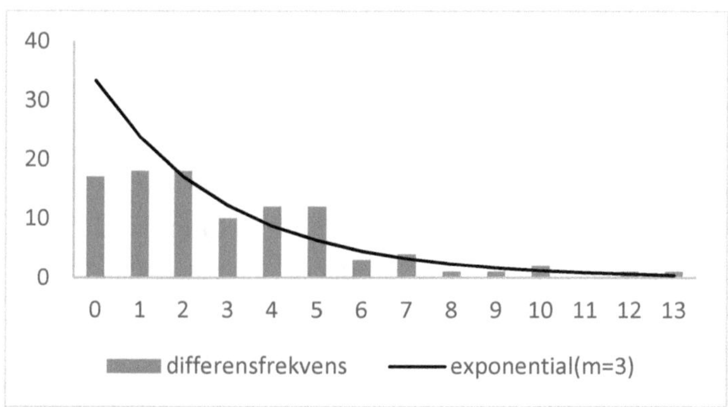

Figur 13.12a. Tidsskillnad (sekunder) mellan ankomna.

Figur 13.12a visar att det är ganska vanligt att folk ankommer i små grupper, kanske familjer, med 0–2 sekunder emellan. Det är mindre vanligt med tidsavstånd på 8 sekunder eller mer mellan ankomsterna. Den heldragna linjen i figur 13.12a visar tillhörande exponentialfördelning (eng. exponential distribution). Eftersom dataserien i exemplet innehåller endast 100 observationer, så är anpassningen måttligt god, men beskriver åtminstone huvuddragen i att det är vanligt med täta ankomster och mindre vanligt med glest mellan ankomster. Exempel på andra situationer är personer som går in i ett museum, en butik, park eller gågata, personer som ringer respektive avslutar ett telefonsamtal och därmed i överförd bemärkelse går in respektive ut ur ett telefonnät. Samma fördelning gäller för gångbanor och bilvägar så länge det inte är kö som hejdar trafikflödet.

Exponentialfördelningen kan användas för att beskriva vilken kapacitet en väg bör ha för att sannolikheten för kö ska vara måttlig. Till matematiskt modellbygge hör även att enligt figur 13.1 tolka och pröva modellen i verkligheten och för just bilvägar, så visar det sig att om kapaciteten bara är tillräcklig så tar man hellre bilen en kilometer eller två, trots att det vore bättre för både miljön och hälsan att ta en promenad eller cykeltur. Dessutom är det en ganska dyr investering att bygga bilvägar med en extra fil och som dessutom för med sig indirekta kostnader i form av mindre motion och mer miljökonsekvenser i form av buller, dammpartiklar och utsläpp. Sådana perspektiv illustrerar att matematisk modellering enligt figur 13.1 inte endast handlar om att undersöka en laboratoriemodell utan även om att jämföra med en faktisk situation.

En härledning av exponentialfördelningen ur likformig fördelning

Det kan tyckas förvånande att den symmetriska likformiga fördelningen i exempel 13.10 hör samman med den asymmetriska exponentialfördelningen i exempel 13.12, men exponentialfördelningen går att härleda ur den likformiga fördelningen genom att beskriva det som en modell för tidsintensitet för slumphändelserna.

Antag att man undersöker tidsavståndet mellan händelser som sker slumpmässigt i tiden och med genomsnittlig konstant intensitet $k = 1/m$ händelser per tid alternativt tiden m per händelse. Det betyder att sannolikheten för att något händer i tidsintervallet $[t; t + \Delta t]$ är $k \cdot \Delta t$, alltså proportionellt mot längden Δt på tidsintervallet.

Beskrivet som en slumpprocess, så är det som händer i tidsintervallet $[t; t + \Delta t]$ en betingad händelse som beror på vad som har skett fram till tiden t. Med stokastikens symbolspråk blir intensiteten $k \cdot \Delta t = P(t_1 < t \leq t_1 + \Delta t | t_1 < t)$, vilket härledning 13.13 bearbetar till ett uttryck som är exponentialfördelningen. Det hör till god ton att i matematisk kommunikation ge väl underbyggda resonemang för beräkningar och slutsatser. Därför redovisas beräkningarna med argument för varje steg.

Härledning 13.13. Härledning av exponentialfördelningen.

Vänsterled

$$P(t_1 < t \leq t_1 + \Delta t | t_1 < t) =$$

Enligt $P(B|A) = \frac{P(A \cap B)}{P(A)}$

$$= \frac{P(t_1 < t \leq t_1 + \Delta t)}{P(t_1 < t)} =$$

Komplementhändelse

$$= \frac{P(t_1 < t \leq t_1 + \Delta t)}{1 - P(t < t_1)} =$$

Uttryckt som fördelningsfunktion

$$= \frac{F(t_1 + \Delta t) - F(t_1)}{1 - F(t_1)}.$$

Differensekvation

$$k \cdot \Delta t = \frac{F(t_1 + \Delta t) - F(t_1)}{1 - F(t_1)}$$

Omskrivning

$$k \cdot \left(1 - F(t_1)\right) = \frac{F(t_1 + \Delta t) - F(t_1)}{\Delta t}$$

$\Delta t \rightarrow 0$ ger differentialekvation

$$k \cdot \left(1 - F(t_1)\right) = F'(t_1)$$

Lös differentialekvation

$$k = \frac{F'(t_1)}{(1 - F(t_1))} \Longrightarrow k \cdot t_1 + C = -ln\left(1 - F(t_1)\right)$$

Bivillkor $F(0) = 0$ ger

$$F(t) = 1 - e^{-k \cdot t}$$

Tidsoberoende och tidsberoende intensitetsmodeller

En särskild not om exponentialfördelningen är att eftersom intensiteten är oberoende av tiden t, nämligen konstant, så ser dess fördelning likadan ut oavsett var vi startar. Att starta vid tiden T ger $F(t) = 1 - e^{-k\cdot(t-T)}$ för $x = t - T \geq 0$ ger fördelningsfunktionen $F(x) = 1 - e^{-k\cdot x}$ som ser likadan ut som $F(t)$ så när som på variabelbytet. Därför beskrivs exponentialfunktionen som en fördelning utan minne. Exponentialfördelningen har också mycket gemensamt med för första gången-fördelningen eftersom båda kan skrivas som $konstant \cdot bas^{-t}$. Huvudskillnaden mellan dem är att exponentialfördelningen är en funktion av reella tal (≥ 0) medan ffg-fördelningen är en funktion av heltal (≥ 1).

Exponentialfördelningen är ett specialfall av intensitetsmodeller med tidsoberoende intensitetsfunktion $g(t) = k$. Om intensitetsfunktionen faktiskt beror av tiden t, alltså att intensitetsfunktion $g(t)$ faktiskt är ett uttryck i t, så ändras intensiteten med tiden och då får differentialekvationen i härledning 13.13 en annan lösning. En sådan lösning är Weibullfördelningar som har fått sitt namn efter den svenske hållfasthetsingenjören och professorn Weibull (1887–1979).

Weibullfördelningar ligger dock utanför syftet med denna bok, men ett exempel på tidsberoende intensitet är att ett cykeldäck slits med körtiden. Det ger att ju längre tid däcket har körts med, desto större är sannolikheten att däcket går sönder och sannolikheten för att cykeldäcket ska gå sönder ökar med tiden, alltså att intensitetsfunktionen $g(t)$ är en växande funktion. Däremot utsätts inte innerslangen av slitage på samma sätt utan går istället sönder av att man kör på ett vasst föremål, vilket kan hända när som helst. Innerslangens risk att gå sönder beskrivs därför bättre med exponentialfördelningen, nämligen med att hela tiden ha ungefär lika stor sannolikhet att gå sönder oavsett om innerslangen är alldeles ny eller någorlunda gammal. Exponentialfördelningen har algebraiskt och grafiskt utseende enligt översikt 13.11.

Poissonfördelning som modell

Översikt 13.14. Poissonfördelningen.

Kort beteckning

$Po(m)$

Frekvensfunktion

$f(x = k) = e^{-m} \cdot m^k/k!$ där $k = 1, 2, ...$

Fördelningsfunktion

$F(0 \leq k) = \sum_{k=0}^{\infty} e^{-m} \cdot m^k/\mathrm{k}!$

Anrop i kalkylblad

$= POISSON.FÖRD(k; m; SANT)$ där $SANT$ ger fördelningsfunktionen och $FALSKT$ ger frekvensfunktionen.

Exempel 13.15. Frekvens för *n* nya kunder per tidsintervall.

Du betraktar igen dina data från exempel 13.10. Noggrant avläst visar figur 13.10b att det tre gånger hände att 10 personer kom under en period av 30 sekunder. Du gör därför om diagrammet i figur 13.10b till figur 13.15a så att det visar frekvensen för antalet tidsintervall med ett bestämt antal anlända personer. Därmed besvarar figur 13.15a frågan om under hur många gånger det hände att just 10 personer anlände under ett halvminutersintervall. Jämfört med figur 13.10b så har antalet ankomna per halvminut hamnat på den vågräta axeln medan den lodräta axeln istället får visa hur många gånger detta händer. Frekvensdiagrammet i figur 13.15a visar detta tillsammans med tillhörande poissonfördelning.

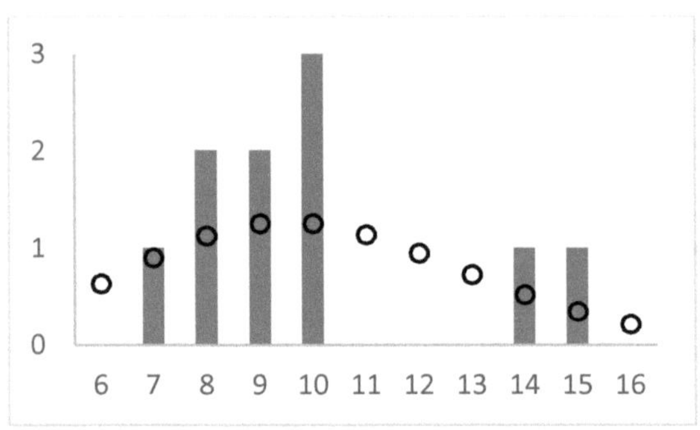

Figur 13.15a. Antal ankomna per tidsperiod.

Figur 13.15a visar att frekvenser utanför intervallet 8–10 personer per tidsintervall blev ovanligt i dessa tio observationsintervall. Detta resultat är ingen slump. De tre fördelningarna likformig, exponential och poisson beskriver olika aspekter av intensitetsfenomen. Medan exponentialfördelningen beskriver tidsavståndet mellan varje händelse, så beskriver poissonfördelningen (eng. poisson distribution) antalet händelser i ett valt tidsintervall. Samtidigt är situationen inte helt olik binomialfördelningen eftersom händelserna är oberoende av varandra vid konstant intensitet.

En skillnad är dock att det kan ankomma mer än en person i varje tidsintervall. Figur 13.15a visar att det exempelvis hände två gånger att 8 personer kom under olika tidsintervall. För att matematiskt få detta att bli som binomialfördelningen, så kortar man ned tidsintervallen så pass mycket att endast en eller noll person kan förväntas komma under ett tidsintervall. För binomialfördelningen motsvarar detta att behålla $n \cdot p = m = konstant$ men låta $n \to \infty$ och därmed $p = m/n \to 0$.

Härledning 13.16 visar detaljer med korta förklaringar i dessa beräkningar. I raden om produkt av k faktorer är det mycket viktigt att det är ett ändligt antal faktorer som var för sig går mot värdet 1, ty om det vore ett oändligt antal faktorer, som i raden om standardgränsvärdet, så behöver gränsvärdet inte gå mot ett och i just detta fall blir gränsvärdet e^{-m}.

Härledning 13.16. Poissonfördelning härledd ur binomialfördelning.

Vänsterled

$$\binom{n}{k} p^k (1-p)^{n-k} =$$

Omskrivning med $p = m/n$

$$= \binom{n}{k} \cdot \frac{m^k}{n^k} \cdot (1-p)^{n-k} =$$

Definition av $\binom{n}{k}$

$$= \frac{n(n-1)(n-2)...(n-k+1)}{k!} \cdot \frac{m^k}{n^k} \cdot (1-p)^{n-k} =$$

Byt plats i nämnaren

$$= \frac{n(n-1)(n-2)...(n-k+1)}{n^k} \cdot \frac{m^k}{k!} \cdot (1-p)^{n-k} =$$

Dela upp första kvoten

$$= \frac{n}{n} \cdot \frac{n-1}{n} \cdot \frac{n-2}{n} \cdot ... \cdot \frac{n-k+1}{n} \cdot \frac{m^k}{k!} \cdot (1-p)^{n-k}$$

Produkt av k faktorer

$\frac{n}{n} \cdot \frac{n-1}{n} \cdot \frac{n-2}{n} \cdot \ldots \cdot \frac{n-k+1}{n} \to 1^k = 1$ då $n \to \infty$

Standardgränsvärde

$(1-p)^{n-k} = \left(1 - \frac{m}{n}\right)^{-k} \cdot \left(1 - \frac{m}{n}\right)^{n} \to 1 \cdot e^{-m}$ då $n \to \infty$

Slutsats

Vänsterled = poissonfördelningen enligt översikt 13.14.

Normalfördelning som modell

Översikt 13.17. Normalfördelningen.

Kort beteckning

$N(m, s)$

Frekvensfunktion

$f(x) = \frac{1}{s\sqrt{2\pi}} exp\left(-\left(x_j - m\right)^2 / 2s^2\right)$

Fördelningsfunktion

$F(x) = \int_{-\infty}^{x} f(t)dt$ där x är reella tal

Anrop i kalkylblad

$= NORM.FÖRD(x; m; s; SANT)$ där $SANT$ ger fördelningsfunktionen och $FALSKT$ ger frekvensfunktionen.

Idag används normalfördelningen (eng. normal distribution) för väldigt många fenomen som har med mätfel att göra. Dess historia började som en biprodukt av arbete med binomialfördelningen.

Idén med binomialfördelningen är måhända lätt att begripa, men den blir snabbt arbetsam att räkna på då binomialkoefficienterna är krävande att beräkna för hand.

Därför arbetade De Moivre (1667–1754) med att hitta en approximation för binomialfördelningen. Efter mycket arbete med logaritmer och serieutveckling fann De Moivre att funktionen e^{-x^2} är användbar (Kats, 1998, s. 601ff).

Nästa steg i historien var att Gauss och Laplace använde normalfördelningen för att beskriva mätfel runt ett medelvärde. Quetelet (1796–1874) fann normalfördelningen användbar även för att beskriva människor (Katz, 1998, s. 758) eftersom människors egenskaper såsom längd, vikt och andra kroppsmått varierar runt ett medelvärde, men ju längre från medelvärdet ett kroppsmått ligger, desto ovanligare är det.

Ett exempel på detta är att det är vanligt med längder i intervallet 160–190 cm men det är inte särskilt vanligt att vara kortare än 150 cm eller längre än 200 cm. Quetelet myntade därför begreppet l'homme moyen (franska: medelmänniskan) vilket har översatts till svenskans medelsvensson och på andra språk fått mer eller mindre fyndiga namn som Ola och Kari Nordmann (norska), Joe & Jane Average (brittisk engelska), John Q. Public (amerikansk engelska), Uno Who (Kanada) och Max Mustermann (tyska).

Figur 13.18a illustrerar att det ibland kan behövas många datapunkter per kategori för att det ska likna en normalfördelning. I någon mening är data aldrig normalfördelade. Istället är det så att man väljer den normalfördelning som beskriver data bäst, nämligen att den valda normalfördelningen har sin topp vid medelvärdet och har samma standardavvikelse som data.

Exempel 13.18. Provresultat och normalfördelning.

Din årskurs har haft prov i engelska och poängfördelningen är enligt figur 13.18a. Genom att ta reda på medelvärdet ($m = 10{,}9$) och standardavvikelsen ($s = 4{,}0$) och antalet deltagare i provet ($n = 189$) kan du konstruera tillhörande normalfördelningskurva och konstatera att poängfördelningen åtminstone lite grand liknar en normalfördelningskurva.

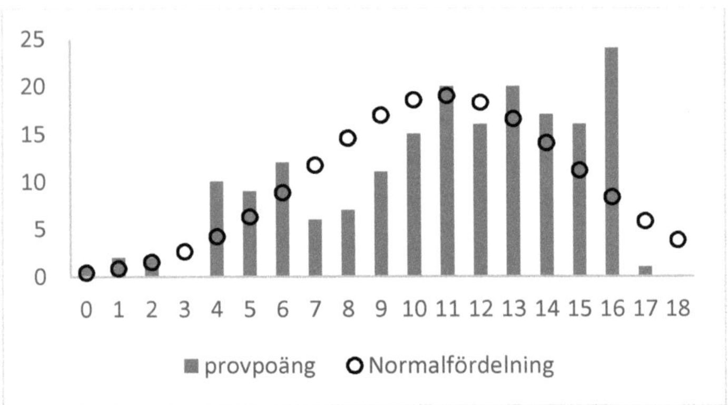

Figur 13.18a. Frekvensdiagram per provpoäng.

Approximation till normalfördelning

Frekvensfunktionerna för fördelningarna binomial, hypergeometrisk, poisson och normal i översikterna 13.4, 5, 13 och 16 liknar varandra till utseendet. Matematiskt uttryckt ser de ut att vara approximationer till varandra. Det är därför rimligt att kunna approximera (ersätta) dessa fördelningar med varandra.

En fråga är dock: Vad vitsen är med att approximera en fördelning med en annan? Jo, det finns tre viktiga skäl till detta, vilket de otäcka beräkningarna i tabell 13.19 illustrerar. Ett första skäl till att approximera en fördelning med en annan är snabbhet i beräkningar, vilket är samma skäl som De Moivre angav. Även en dator har tidspress på sig att hinna med allt som ska göras.

Ett andra skäl är noggrannhet i beräkningarna. Med många beräkningssteg finns en liten risk för att avrundningsfel växer till sig och det krävs specialanpassade och flexibla algoritmer för att undvika sådana avrundningsfel.

Därmed är det inte okomplicerat att programmera sådant och ett tredje skäl blir att risken för att göra ett programmeringsfel ökar med komplexiteten i programmet.

Exempel 13.19. Otäcka beräkningar för Hypergeometrisk fördelning.

Hypergeometrisk med $N = 120$, $n = 30$ och $p = 0{,}1$ för $k = 5$

$f(k = 5) = \binom{12}{5}\binom{108}{25}/\binom{120}{30}$

$\binom{12}{5} = \frac{12\cdot 11\cdot 10\cdot 9\cdot 8}{5\cdot 4\cdot 3\cdot 2\cdot 1} = 792$

$\binom{108}{25} = \frac{108\cdot 107\cdot \ldots \cdot 84}{25\cdot 24\cdot \ldots \cdot 2\cdot 1}$ {skriv om med logaritmer}

$log\binom{108}{25} = \sum_{j=84}^{108} log(j) - \sum_{j=1}^{25} log(j) \approx 24{,}335.$

Alltså $\binom{108}{25} \approx 2{,}1 \cdot 10^{24}$

$\binom{120}{30} = \frac{120\cdot119\cdot\ldots\cdot90}{30\cdot29\cdot\ldots\cdot2\cdot1}$ {skriv om med logaritmer}

$log\binom{120}{30} = \sum_{j=90}^{120} log(j) - \sum_{j=1}^{30} log(j) \approx 28{,}230$ Alltså $\binom{120}{30} \approx 1{,}7 \cdot 10^{28}$

Tillsammans $f(k = 5) \approx \frac{792\cdot2{,}1\cdot10^{24}}{1{,}7\cdot10^{28}} \approx 0{,}1$

Villkor för god approximation

Approximation med normalfördelning går till så att fördelningens egna väntevärde (lägesmått = medel) och standardavvikelse används för att rita den approximerade normalfördelningen. I figur 13.20 har binomialfördelningen $Bin(n = 30; p = 0{,}1)$ väntevärde $n \cdot p = 3$ och varians $n \cdot p(1 - p) = 2{,}7$ och motsvarande normalfördelningskurva blir därför $N\left(m = 3; s = \sqrt{2{,}7}\right)$.

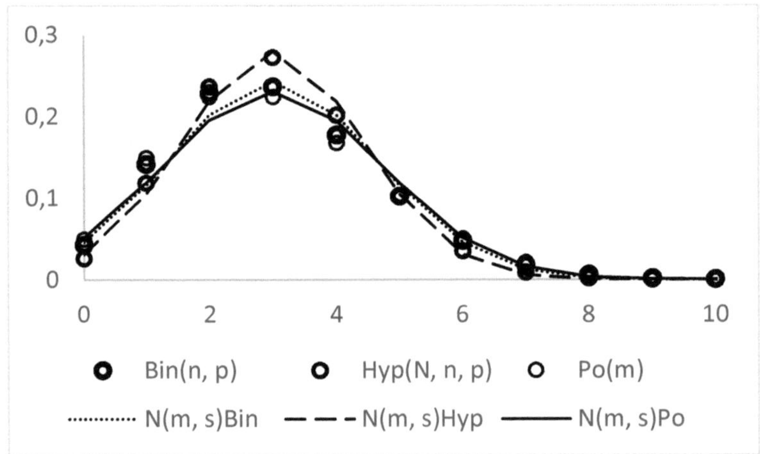

Figur 13.20. Frekvensfunktioner för $N = 120, n = 30, p = 0{,}1$.

Figur 13.20 visar att binomialfördelningen och dess approximation med normalfördelning har medelvärde på samma ställe, men att spridningen runt medelvärdet är annorlunda och detta gäller även fördelningarna hypergeometrisk och poisson.

I figur 13.21 är variansen större och där ligger normalapproximationen $N\left(m = 15; s = \sqrt{7{,}5}\right)$ ganska nära binomialfördelningen $Bin(n = 30; p = 0{,}5)$ och motsvarande gäller även för de två andra fördelningarna. Litteraturen brukar ange huvudregeln att för binomial och hypergeometrisk bör varians ≥ 10 för att normalapproximationen ska bli god och för poisson gäller varians ≥ 15. Notera dock att även om poissonfördelningen i figur 13.21 har varians $= 15$ och därmed uppfyller villkoret för normalapproximation, så är dess normalapproximation svagt förskjuten mot höger jämfört med poissonfördelningen. Detta beror på att poisson fördelningen är asymmetrisk (skev) medan normalfördelningen är symmetrisk.

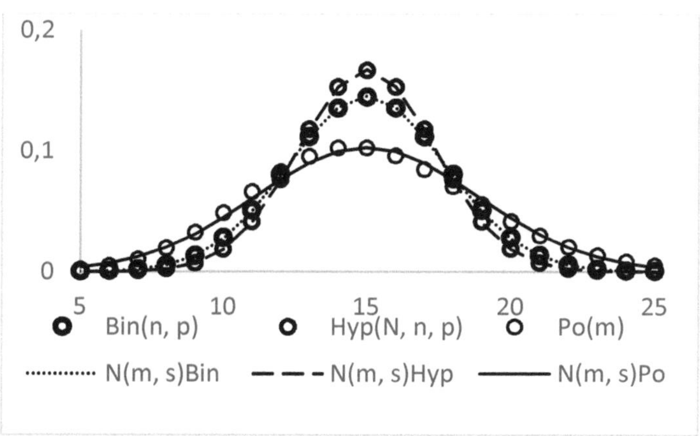

Figur 13.21. Frekvensfunktioner för $N = 120, n = 30, p = 0{,}5$.

Figur 13.21 visar också att även om de tre originalfördelningarna har samma väntevärde, så kan de ha olika varians och det är därför sällan lämpligt att approximera exempelvis en hypergeometrisk med binomial eller binomial med poisson. Slutsatsen av figur 13.21 blir därför att undersöka om variansen är tillräckligt stor och därefter välja normalapproximation.

Percentilregression

Att det är möjligt att approximera fördelningar med varandra för tankarna till vilken fördelning som bäst beskriver observerade data. Härledningarna 13.13 och 13.16 visar att det ibland finns teoretiskt goda grunder att välja en viss typ av fördelning även om fördelningen endast grovt beskriver observerade data som frekvensfunktionerna i figurerna 13.12a och 13.15a. Ibland saknas det dock teoretiska grunder för vilken fördelning som är mest lämplig och då är grafiska verktyg användbara för att jämföra fördelningar. Betrakta två fördelningsfunktioner $y_f = F(x_f)$ och $y_g = G(x_g)$. De kan jämföras grafiskt på tre olika sätt. Det första sättet är att i samma diagram rita deras funktionsgrafer $(x_f; y_f)$ och $(x_g; y_g)$ som i figur 13.22.

Figur 13.22 jämför tre fördelningsfunktioner med observerade data (empiri) och diagrammet visar att exponentialfördelningen ligger närmast den empiriska fördelningsfunktionen och detta resultat är väntat eftersom tillämpningen för dessa data teoretiskt motsvarar just en exponentialfördelning.

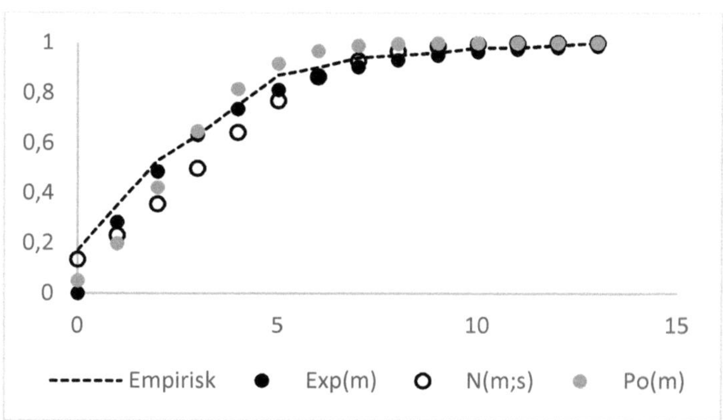

Figur 13.22. Olika fördelningsfunktioner $y = F(x)$ i samma diagram.

Om det finns många datapunkter, så är en särskild variant av diagrammet i figur 13.22 att pricka in utvalda kvantiler, exempelvis percentilerna 10%, 25%, 50%, 75% och 90% längs den vågräta axeln. Ett sådant diagram kallas percentilregression och används ibland för att jämföra två elevgrupper, exempelvis pojkar och flickor (Penner & CadwalladerOlsker, 2012). Medan ett medelvärde enbart ger information om hela gruppens genomsnittliga resultat, så ger percentilregression mycket mer detaljerad information eftersom det går att jämföra både pojkars undre kvartil (25%) med flickors undre kvartil och samtidigt pojkars övre kvartil med flickors övre kvartil. Eftersom percentildata är på ordningsnivå så är det också robust gentemot starkt avvikande data och förutsätter inte att data har någon specifik fördelning (Waldmann, 2018).

Kvantil-kvantil-graf

Det andra sättet är att i samma diagram rita den ena funktionens y_g-koordinater som funktion av den andra funktionens y_f-koordinater, alltså som koordinatpar $(y_{empirisk}; y_{modell})$ som i figur 13.23.

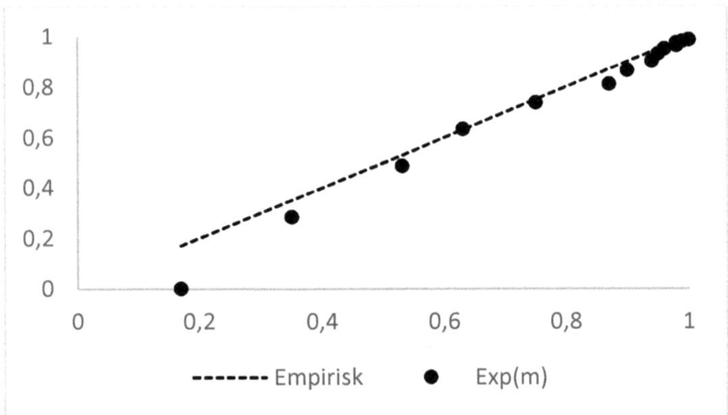

Figur 13.23. Olika fördelningsfunktioner som $(y_f; y_g)$ i samma diagram.

Enligt Kolmogorovs första och andra axiom så har fördelningsfunktioner värden $0 \leq y \leq 1$. Eftersom funktionsvärdena i figur 13.23 beskriver samma situation, så borde koordinaterna $(y_{empirisk}; y_{modell})$ ligga nära en rät linje och Pearsons korrelationskoefficient passar bra för att mäta hur nära punkterna ligger den streckade linjen, som är $(y_{empirisk}; y_{empirisk})$, alltså en diagonal genom punkterna $(0; 0)$ och $(1; 1)$. Att beräkna korrelationskoefficienten mellan teoretisk modell och empiriska data ger ett mått på hur väl modellen beskriver empiriska data och därmed hur användbar modellen är för att fungera som prognosmodell.

Ett tredje sätt är att som i figur 13.24 rita fördelningsfunktionernas x-värden $(x_{empirisk}; x_{modell})$. En fördel med just denna typ av graf är att det går att välja y-värden som motsvarar valda kvantiler. Därför kallas denna typ av diagram för kvantil-kvantil-diagram eller kortare qq-plot (eng. quantile quantile plot).

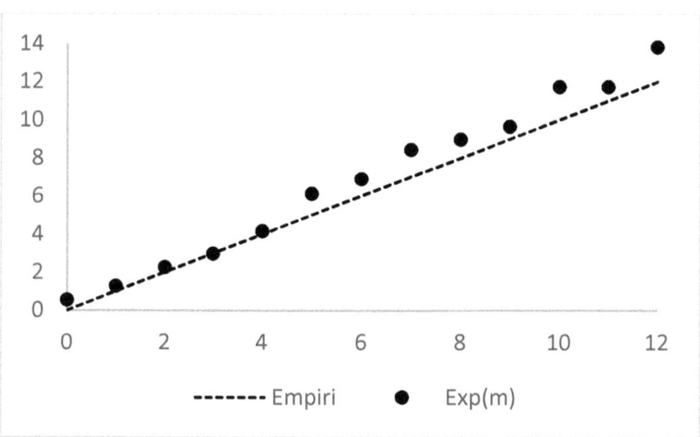

Figur 13.24. Olika fördelningsfunktioner som $(x_f; x_g)$ i samma diagram.

En teoretisk nackdel med qq-diagram är att flera fördelningar har en oändlig definitionsmängd, exempelvis exponentialfördelningen med $x \in [0; \infty]$. Därför är det ofta nödvändigt att korta av fördelningen nära 0% och 100% för qq-diagrammet. En annan teoretisk svårighet är att inte alla fördelningar har en fördelningsfunktion som är smidig att invertera. Hit hör fördelningarna binomial, hypergeometrisk och poisson. Av dessa skäl är qq-diagram inte särskilt vanliga trots att de ger verktyg för att enkelt upptäcka skevhet i data genom att kurvan i qq-diagrammet blir konvex i den skeva änden. Det är också vanligt att svansarna har en knorr på grund av enstaka extrema värden.

Kapitel 14 – Matematiken bakom parameterskattning

Ett centralt problem i stokastik är hur man ur insamlade data kan bestämma de parametrar som behövs i fördelningen. Exempelvis, hur ska parametern m i exponentialfördelningen $F(x) = 1 - e^{-x/m}$ beräknas ur insamlade data? En generell metod för att besvara denna fråga är ML-metoden (eng. maximum likelihood). Därmed är ML-metoden en länk mellan faktiska observationer och en matematisk modell i form av en frekvensfunktion och just detta gör ML-metodens stora betydelse.

Ett annat centralt problem i stokastik är hur man ur en fördelning kan bestämma olika lägesmått och spridningsmått. Detta problem kan matematiskt formuleras som frågan: Givet en fördelning, hur beräknar man dess egenskaper såsom dess lägesmått och spridningsmått? En generell metod för att besvara denna fråga är att använda väntevärdesoperatorn $E[x]$, som definierar en i stokastiken enhetlig metod för att bestämma både lägesmått och spridningsmått för olika fördelningar. Den bygger på gungbrädans fysik genom begreppet moment, som är produkten av hävarm och kraft, vilket i stokastiken blir produkten av värde och frekvensfunktion (se kapitel 6).

Detta kapitel kan beskrivas som det matematiska arbetet bakom formelsamlingen i slutet av denna bok. Härledningarna är matematikintensiva och kräver förkunskaper om gymnasiematematikens derivata och integral och även Maclaurinutveckling.

Vilken binomialfördelning passar bäst för givna data?

Exempel 14.1 beskriver kombinatoriken bakom en särskild typ av slumpvandringar och här är varje vägval är oberoende av föregående vägval och i varje vägkorsning finns två vägval, österut och norrut. Därför passar binomialfördelningen för att beskriva situationen och detta blir bakgrunden till parameterskattningsproblemet att hitta det värde på binomialfördelningens parameter p som bäst beskriver en observerad situation.

Exempel 14.1. Skatta parameter p i binomialfördelningen.

I Sverige sedan 1600-talet och sedan några tusen år tidigare i Egypten är det vanligt att stadskärnan är ett rutnät av gator. Det passar ju bra när rektangulära hus ska byggas vägg i vägg med varandra. Du råkar befinna dig i en sådan stadskärna som turist och strosar från vad vi kan kalla startkoordinaten $(1; 1)$ till målkoordinaten $(5; 4)$ enligt figur 14.1a. I varje vägkorsning kan du gå norrut eller österut och tabell 14.1b visar de kartpositioner där du går ett kvarter norrut på kartan.

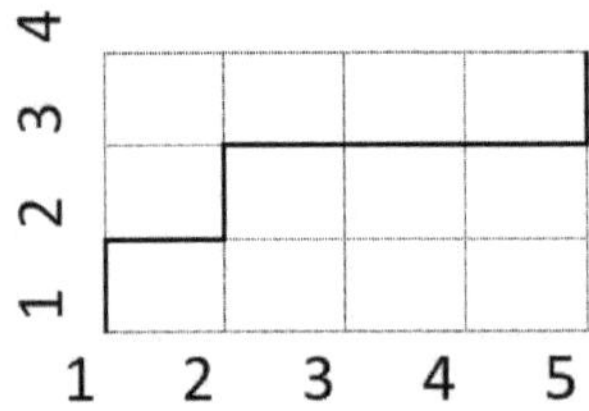

Figur 14.1a. Rutnät av gator.

En kombinatorisk fråga: På hur många olika sätt kan man vandra från startkoordinat till målkoordinat om man endast får gå i väderstrecken norrut och österut och högst ett kvarter norrut för varje kvarter österut enligt rutnätet i figur 14.1a?

Tabell 14.1b. Möjliga vägar.

vägval nr			
1	1	2	3
2	1	2	4
3	**1**	**2**	**5**
4	1	3	4
5	1	3	5
6	1	4	5
7	2	3	4
8	2	3	5
9	2	4	5
10	3	4	5

Det fetstilade vägvalet nummer 3 i tabell 14.1b illustrerar det vägval som rutnätet i figur 14.1a visar. Tabell 14.1b visar också att detta problem är ekvivalent med följande fråga: Vilka tresiffriga tal kan vi bilda med högst en av siffrorna 1–5 där siffrorna kommer i ordning från minst till störst? Båda problemen kan lösas med multiplikationsprincipen och är samma situation som i fall 5 i tabell 7.16 i del 1 av denna bok. Det första valet av siffra kan göras på fem sätt, det andra på fyra sätt och det tredje på tre sätt, alltså på $5 \cdot 4 \cdot 3$ sätt. Regeln om att siffrorna måste komma i storleksordning gör att talen 125, 152, 215, 251, 512 och 521 blir samma tal när vi sorterar siffrorna i storleksordning 125. Eftersom det enligt multiplikationsprincipen går att sortera tre olika siffror på $3 \cdot 2 \cdot 1$ sätt, så betyder det att det finns $(5 \cdot 4 \cdot 3)/(3 \cdot 2 \cdot 1) = 10$ möjliga vägval i figur 14.1a.

Ur detta kombinatoriska problem blir en statistisk fråga: Hur stor bör binomialfördelningens sannolikhet p för att gå ett kvarter norrut för varje kvarter österut vara, för att maximera sannolikheten att komma från startkoordinaten $(1; 1)$ till målkoordinaten $(5; 4)$?

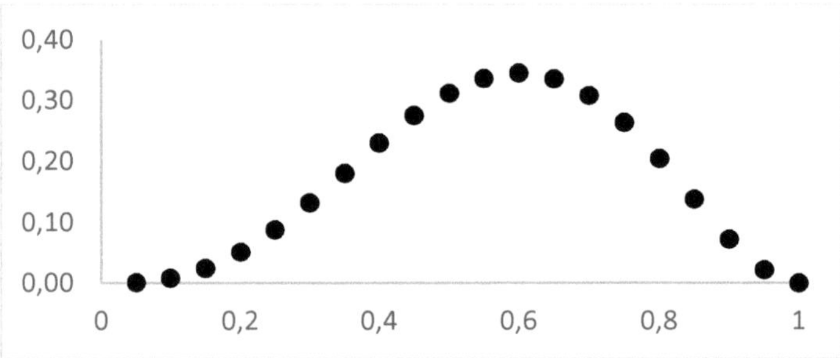

Figur 14.2. Graf för $f(p) = \binom{5}{3} p^3 (1-p)^{n-3}$ med maximum för $p = 0{,}6$.

Figur 14.2 ger svaret på denna fråga, nämligen att $p = 3/5$ är bäst. Med andra ord, om vi i kartan 14.1a ska ha störst chans att under fem kvarter österut nå positionen tre kvarter norrut, så ska sannolikheten att gå ett kvarter norrut vara 0,6.

Maximum-likelihood-metoden

Redan vid planeringen av en datainsamling ska man bestämma datanivå och ibland vet man på förhand även vilken matematisk fördelning som bäst beskriver data, exempelvis om det är en symmetrisk eller sned (asymmetrisk) fördelning som blir bäst. Däremot hör det till efterarbetet att bestämma parametrar i vald fördelning och detta är en central fråga i statistiskt efterarbete. Ett viktigt verktyg i detta arbete är maximum-likelihood-metoden, ofta förkortad *ML-metoden*. Denna metod utvecklades systematiskt av Fischer, även om metodens idéer fanns med redan när Gauss utvecklade minstakvadratmetoden (Katz, 1998, s. 755f). Figur 14.2 antyder att detta görs genom att välja värde på parametern p så att frekvensfunktionen maximeras.

När en fördelning är känd genom sin frekvensfunktion, så är det möjligt att beräkna sannolikheten för en specifik händelse. Huvudtanken med ML-metoden är dock att resonera i andra riktningen, nämligen att betrakta observerade händelser och istället ställa denna fråga: Givet de observationer vi faktiskt har, vilket värde på fördelningens parametrar är mest sannolikt? Med andra ord, att välja parameter i frekvensfunktionen som maximerar sannolikheten för att den valda parametern beskriver de observerade händelserna.

Givet ML-metodens grundläggande princip om att maximera en sannolikhet, så återstår dock en hel del beräkningar. De fantastiska resultaten av att använda ML-metoden är dock att de bevisar att samtliga fördelningar för måttnivå skattas med det vanliga medelvärdet och samtliga fördelningar för ordningsnivå skattas med andelen gynnsamma utfall, alltså $p = k/n$.

För att inte drunkna i formler och ekvationer när det är dags att börja visa dessa måhända förväntade resultat, så är det lämpligt att börja med binomialfördelningen. Jämfört med flera andra fördelningar har den därmed ett enkelt uttryck att räkna på och innehåller endast en parameter p.

Beräkningsgången i härledning 14.3 för att maximera sannolikheten att parametern p beskriver händelserna är att söka maximum genom att ta reda på derivatans nollställe med avseende på parametern p.

ML-metoden för binomialfördelningen

Binomialfördelningens frekvensfunktion för k stycken gynnsamma utfall bland n stycken försök är $p(k) = \binom{n}{k} p^k (1-p)^{n-k}$ och det är dess ML-funktion.

Härledning 14.3. Beräkningar för att hitta p som maximerar ML-funktionen.

Bilda ML-funktionen

$$ML(p) = \binom{n}{k} p^k (1-p)^{n-k}$$

Derivera med avseende på parametern p

$$\frac{d(ML)}{dp} = \binom{n}{k} [k \cdot p^{k-1}(1-p)^{n-k} - (n-k) \cdot p^k (1-p)^{n-k-1}]$$

Sätt derivatan till 0

$$0 = \binom{n}{k} p^{k-1}(1-p)^{n-k-1}(k - np)$$

Derivatans nollställe för p

$$p = \frac{k}{n} \text{ (ej relevant med } p = 0 \text{ och } p = 1)$$

Teckenstudium av derivatan ger maximum

Derivatan växlar tecken från $+$ till - när $p = k/n$ passerar derivatans nollställe från $p < k/n$ till $p > k/n$.

Härledning 14.3 redovisar beräkningarna med korta förklaringar till vad varje beräkningssteg gör och slutsatsen är att parametern p blir antalet gynnsamma utfall dividerat med antalet möjliga utfall, alltså den klassiska sannolikhetsfördelningen.

ML-metoden för komplicerade fördelningar

Poissonfördelningen, exponentialfördelningen och normalfördelningen bygger på flera separata observationer $x_1, x_2, \dots, x_n$ och därför får ML-funktionen ett något mer komplicerat utseende än för binomialfördelningen. För dessa fall motiveras ML-metoden på ungefär samma sätt som Murphys lag och bygger på att oberoende händelser är en produkt av sannolikheter. För att förenkla framställningen används ett avskalat exempel med endast tre händelser.

Låt situationen vara att vi har observerat en serie med tre händelser x_1, x_2, x_3 och vill beskriva dem med frekvensfunktionen $p(x)$. Sannolikheten för varje enskild händelse är $p(x_1)$, $p(x_2)$ och $p(x_3)$ och hör till samma fördelning och är oberoende. Då gäller att $p(x_1 \cap x_2 \cap x_3) = p(x_1) \cdot p(x_2) \cdot p(x_3)$ som säger att sannolikheten för denna kombination händelser är produkten av varje enskild sannolikhet.

Huvudtanken med ML-metoden är nu att betrakta observationerna som givna och ställa denna fråga: Givet de observationer vi har, vilket värde på fördelningens parametrar är mest sannolikt? Med andra ord, att välja det parametervärde i frekvensfunktionen som maximerar sannolikheten (eng. likelihood) för att den valda parametern beskriver de observerade händelserna.

ML-metoden för exponentialfördelningen

Nu när huvudtanken med ML-metoden är presenterad, så är det dags att blanda in en fördelning för att illustrera beräkningsgången i ML-metoden. Exponentialfördelningens frekvensfunktion är $f(x_j) = \frac{1}{m}e^{-x_j/m}$. Jämfört med flera andra fördelningar har den därmed ett enkelt uttryck och innehåller endast en parameter m. Detta gör den lämplig att börja med eftersom beräkningarna är mer komplicerade för flera andra fördelningar.

Minns att vi betraktar händelserna x_1, x_2, x_3 som givna och vi söker ett värde på fördelningens parameter m. Bilda därför funktionen $ML(m)$ enligt härledning 14.4 och använd potenslagarna för att förenkla produkten. Målet är att välja ett värde på m så att ML-funktionen maximeras, men eftersom uttrycket fortfarande är komplicerat att räkna på, så blir nästa steg att logaritmera uttrycket.

Tanken med att logaritmera är att produkter omvandlas till summor och att potenser försvinner, vilket förenklar de fortsatta beräkningarna. Eftersom logaritmfunktionen är en strikt växande funktion, så är det fortfarande samma sak att maximera ML-funktionen som att maximera logaritmen på den.

För att hitta maximum, derivera (den logaritmerade) ML-funktionen och sätt derivatan till noll och lös motsvarande ekvation. För det generella fallet med n observationer blir parametern $m = \frac{x_1+x_2+\cdots+x_n}{n}$, alltså det välbekanta aritmetiska medelvärdet av observationerna och motsvarande gäller Poissonfördelningen.

Härledning 14.4. Beräkningar för att hitta m som maximerar ML-funktionen.

Bilda ML-funktionen

$$ML(m) = \frac{1}{m}e^{-x_1/m} \cdot \frac{1}{m}e^{-x_2/m} \cdot \frac{1}{m}e^{-x_3/m}$$

Skriv om med potenslagar

$$ML(m) = \frac{1}{m^3}e^{-(x_1+x_2+x_3)/m}$$

Logaritmera

$$ln(ML) = -3ln(m) - (x_1 + x_2 + x_3)/m$$

Derivera

$$\frac{dln(ML)}{dm} = \frac{-3}{m} + \frac{x_1+x_2+x_3}{m^2}$$

Sätt derivatan till 0

$$0 = \frac{(x_1+x_2+x_3)-3m}{m^2}$$

Derivatans nollställe för m

$$m = \frac{x_1+x_2+x_3}{3}$$

Teckenstudium ger maximum

Derivatan växlar tecken från $+$ till - när m passerar derivatans nollställe.

ML-metoden för normalfördelningen

Med konstanten $a = 1/\left(s\sqrt{2\pi}\right)$ blir normalfördelningens frekvensfunktion $a \cdot exp\left(-\left(x_j - m\right)^2/2s^2\right)$ där $exp(b)$ är ett annat skrivsätt för exponentialfunktionen e^b. Precis som för exponentialfördelningen, så är observationerna n stycken värden $x_1, x_2, \dots, x_n$. För att bilda ML-funktionen, vilket är produkten av dessa frekvensfunktioner, så är det smidigt att använda produktbeteckningen $\prod_{j=1}^{n} c_j = c_1 \cdot c_2 \cdot \dots \cdot c_n$. Minns även att logaritmen av en produkt blir en summa, alltså $ln\left(\prod_{j=1}^{n} c_j\right) = \sum_{j=1}^{n} ln\left(c_j\right)$.

Härledning 14.5 för att hitta m som maximerar ML-funktionen.

Bilda ML-funktionen

$$ML(m) = \prod_{j=1}^{n} a \cdot exp\left(-\left(x_j - m\right)^2/2s^2\right)$$

Skriv om med potenslagar

$$ML(m) = a^n \cdot exp\left(-\sum_{j=1}^{n}\left[\left(x_j - m\right)^2/2s^2\right]\right)$$

Logaritmera

$$ln(ML) = n \cdot ln(a) - \sum_{j=1}^{n}\left[\left(x_j - m\right)^2/2s^2\right]$$

Derivera

$$\frac{dln(ML)}{dm} = 0 + \frac{2}{2s^2}\sum_{j=1}^{n}\left(x_j - m\right)$$

Sätt derivatan till 0

$$0 = \frac{1}{s^2}\sum_{j=1}^{n}\left(x_j - m\right)$$

Derivatans nollställe för m

$$m = \frac{1}{n}\sum_{j=1}^{n} x_j$$

Teckenstudium ger maximum

Som i 14.4.

Härledning 14.6 för att hitta s som maximerar ML-funktionen.

Derivera

$$\frac{dln(ML)}{ds} = -n\left(\frac{1}{s} + 0\right) - \frac{-2}{2s^3}\sum_{j=1}^{n}\left(x_j - m\right)^2$$

Sätt derivatan till 0

$$0 = \frac{1}{s^3}\left(-n \cdot s^2 + \sum_{j=1}^{n}\left(x_j - m\right)^2\right)$$

Derivatans nollställe för m

$$s^2 = \frac{1}{n}\sum_{j=1}^{n}\left(x_j - m\right)^2$$

Teckenstudium ger maximum

Som i 14.4 för s^2.

Precis som för exponentialfördelningen, så blir slutsatsen att parametern m blir det välbekanta aritmetiska medelvärdet av observationerna. Normalfördelningen har också standardavvikelsen s som parameter och ML-metoden fungerar även för att härleda ett uttryck för den. Beräkningarna blir desamma i härledningarna 14.5–6 fram till och med logaritmeringen. Notera även att $ln(a) = -\,ln(s) - ln(\sqrt{2\pi})$.

Slutsatsen blir att uttrycket för parametern s är detsamma som standardavvikelsen. För just detta fall ger dock ML-metoden ett inte fullt korrekt svar och en fackterm för detta är att uttrycket inte är väntevärdesriktigt. Det väntevärdesriktiga uttrycket för variansen är att dividera med $n-1$ istället för med n, alltså att $s^2 = \frac{1}{n-1}\sum_{j=1}^{n}\left(x_j - m\right)^2$. Av didaktiska skäl är det lämpligt att vänta till beskrivningen av chi^2-metoden i kapitlet om statistisk inferens för att ge en snygg motivering till att dividera med just $n-1$.

Väntevärdesoperatorn

Detta avsnitt inleder med en förenklad beskrivning av begreppen funktional och väntevärde med syftet att ge en populär orientering om samband mellan olika matematiska begreppsområden. Därefter blir avsnittet tämligen matematiskt då det med hjälp av väntevärdesoperatorn härleder viktiga delar av tabellsamlingen i slutet av denna bok.

Ett begrepp i matematiken är funktionaler. Ett sätt att introducera funktionaler är att jämföra dem med funktioner. Indata till funktioner $y = f(x)$ är ett x-värde ur definitionsmängden och utdata är ett unikt y-värde i värdemängden. För att vara matematiskt precis måste man lägga till att för att få kallas för funktion, så måste varje x-värde motsvara högst ett y-värde, alltså att ett x-värde inte får peka på två y-värden samtidigt. En ofta använd illustration är att representera funktioner som två separata listor; en lista med värden på x och en lista med värden på y. Från varje x får det gå högst en pil till något värde på y. Däremot får det gå flera pilar till ett och samma värde på y. Ett exempel på detta är figur 7.17 (i del 1 av denna bok) om injektioner och surjektioner där varje frukt (ett x-värde) får ges till högst en person (ett y-värde) men att varje person mycket väl kan ta emot flera frukter.

Det är också möjligt att betrakta funktioner som en graf där man har stoppat in hela definitionsmängden på en gång och utdata blir funktionskurvan $y = f(x)$. Med begreppet funktion som liknelse, så kan en funktional beskrivas som att man stoppar in en hel funktion i en operator (en ”funktionalmaskin”, jämför ”funktionsmaskin”) och utdata blir ett tal. En sådan operator är väntevärdesoperatorn $E[x]$, som definierar hur medelvärden och varianser beräknas för fördelningar.

Väntevärde, medelvärde och moment

Ordet väntevärde (eng. expectation value) kan betraktas som en synonym till medelvärde och syftar på att väntevärdet är det värde man i medel kan förvänta sig av en lång serie försök. För en stokastisk variabel x är vanliga beteckningar för väntevärdet m eller μ eller väntevärdesoperatorn $E[x]$. Den matematiska definitionen av väntevärde är *hävstång·tyngdkraft* vilket är samma som fysiken för gungbrädor och moment. Fördelningsfunktioner för ordningsnivå, där den stokastiska variabeln x kan anta heltalsvärden j definieras därmed som $v\ddot{a}ntev\ddot{a}rde = E[x] = \sum j \cdot f(j)$ där j är ett heltalsvärde och $f(j)$ är sannolikheten för detta värde och index j är alla värden i hela definitionsmängden. För måttnivå är definitionen istället integralen $v\ddot{a}ntev\ddot{a}rde = E[x] = \int_{-\infty}^{\infty} x \cdot f(x)dx$ där integralen går över hela frekvensfunktionens definitionsmängd.

Väntevärdesoperatorn används även för att definiera variansen som $V[x] = E[(x - medelv\ddot{a}rde)^2]$ och standardavvikelsen $D[x] = \sqrt{V[x]}$. Eftersom $E[x]$ fysikaliskt motsvarar ett moment, så kallas $V[x]$ för *andra momentet runt medelvärdet.*

Att enligt definitionerna av väntevärdesoperatorn beräkna väntevärden och varians kräver en hel del beräkningar. Ofta räcker det med väl inhämtad gymnasiematematik inklusive derivata och integral för att följa eller genomföra dessa beräkningar även om de ibland är dryga. Dessa beräkningar blir enklare med det som i matematisk statistik heter momentgenererande funktion. Däremot kräver momentgenererande funktioner ytterligare förkunskaper i högskolematematik och därför använder denna bok inte momentgenererande funktioner.

Likformig fördelning

Väntevärde och varians för likformig fördelning beräknas direkt ur definitionen av $E[x]$ och detta lämnas som övning. Översikt 13.9 ger den likformiga fördelningens frekvensfunktion och fördelningsfunktion. Notera att för måttnivå börjar fördelningsfunktionen i $F(a) = 0$ medan för ordningsnivå kan fördelningsfunktionen exempelvis börja i $F(k = 1) = 1/n$. Båda slutar dock i 1.

Satser om aritmetiska lagar för väntevärdesoperatorn

Innan det är dags att härleda väntevärde och varians för ytterligare frekvensfunktioner, så kommer det visa sig användbart att ha kännedom om några aritmetiska egenskaper hos väntevärdesoperatorn. En första sats är att $E[a \cdot x + b] = a \cdot E[x] + b$ och beviset för detta lämnas som övning. Denna sats visar två aritmetiska egenskaper hos väntevärdesoperatorn. Att addera en konstant b till en stokastisk variabel x motsvarar att addera en konstant till väntevärdet, alltså att hela fördelningen förskjuts b enheter i höjdled. Att skala om en stokastisk variabel x med en faktor a motsvarar att skala om dess väntevärde med en faktor a.

Härledning 14.7. Väntevärde för summa av stokastiska variabler, ordningsnivå.

Vänsterled

$$E[x + y] =$$

Enligt definition

$$= \sum_j \sum_k \{(j + k) \cdot f_{XY}(j, k)\} =$$

Dela upp summan

$$= \sum_j (\sum_k \{j \cdot f_{XY}(j, k)\}) + \sum_j (\sum_k \{k \cdot f_{XY}(j, k)\}) =$$

Summera ett index i taget

$$= \sum_j \{j \cdot f_X(j)\} + \sum_k \{k \cdot f_Y(k)\} =$$

Enligt definition

$$= E[x] + E[y]$$

Härledning 14.7 visar att när två stokastiska variabler på ordningsnivå adderas, så adderas deras väntevärden. Beviset för fallet med måttnivå hoppas över då det är analogt och motsvarar dubbelintegralen $\iint_{-\infty}^{\infty}\{(x+y)\cdot f_{XY}(x;y)\}dx\,dy$ där funktionen f_{XY} är den simultana frekvensfunktionen för de stokastiska variablerna x och y.

En följdsats till härledning 14.7 är $E[\sum x_k] = \sum E[x_k]$, alltså att väntevärdet av summan av n stycken stokastiska variabler blir summan av deras väntevärden. Motsvarande resultat gäller även för måttnivå.

Satser om aritmetiska lagar för variansoperatorn

Variansoperatorn definieras med hjälp av väntevärdesoperatorn genom $V[x] = E[(x - E[x])^2]$. En ofta använd sats om variansoperatorn är att $V[x] = E[x^2] - (E[x])^2$ denna sats används i härledning 14.8. Även variansoperatorn har sina räknelagar och eftersom variansoperatorn innehåller en kvadrat, så blir räknelagarna lite annorlunda jämfört med väntevärdesoperatorn. Exempelvis visar härledning 14.8 att addera en konstant b till en stokastisk variabel x inte alls påverkar variansen och motsvarar grafiskt att spridningen inte ändras av att flytta data i höjdled. Härledning 14.8 visar även att en skalfaktor hos en stokastisk variabel påverkar variansen med en kvadrerad skalfaktor.

Variansen för summan av stokastiska variabler är ett andra exempel på att räknelagar för varians och väntevärden är olika. Jämför härledning 14.7 för väntevärden med härledning 14.9 för varianser. En not är att $C[x;y]$ betecknar kovariansen mellan två stokastiska variabler.

Härledning 14.8. Att förskjuta och skala en varians.

Vänsterled

$$V[a \cdot x + b] =$$

Utveckla enligt $V[z] = E[z^2] - (E[z])^2$

$$= E[(a^2x^2 + 2axb + b^2)] - (a \cdot m + b)^2$$

Första termen enligt $E[az + b] = aE[z] + b$

$$E[a^2x^2] + E[2axb] + E[b^2] =$$

$$= a^2E[x^2] + 2amb + b^2$$

Första minus andra termen

$$a^2E[x^2] + 2amb + b^2 - (a \cdot m + b)^2 =$$

$$= a^2E[x^2] - a^2m^2.$$

Slå samman enligt $E[z^2] - (E[z])^2 = V[z]$

$$a^2(E[x^2] - [E(x)]^2) = a^2V[x]$$

Härledning 14.9. Varians för summa av stokastiska variabler.

Vänsterled

$$V[x + y] =$$

Utveckla enligt $V[z] = E[z^2] - (E[z])^2$

$$= E[(x + y)^2] - (E[(x + y)])^2$$

Första termen enligt 14.7

$$E[x^2 + y^2 + 2xy] = E[x^2] + E[y^2] + 2E[xy]$$

Andra termen enligt 14.7

$$(m_x + m_y)^2 = m_x^2 + m_y^2 + 2m_xm_y\,.$$

Subtrahera termerna

$$E[x^2] + E[y^2] + 2E[xy] - (m_x^2 + m_y^2 + 2m_xm_y)$$

Slå samman enligt $E[z^2] - (E[z])^2 = V[z]$

$$= V[x] + V[y]+2(E[xy] - m_xm_y)$$

Satser om kovarians

Härledning 14.10 visar att termen $(E[xy] - 2m_x m_y)$ i härledning 14.9 är kovariansen mellan de stokastiska variablerna x och y.

Härledning 14.10. Definition av kovarians.

Vänsterled

$$C[x; y] =$$

Enligt definition

$$= E[(x - m_x)(y - m_y)] =$$

Utveckla produkten

$$= E[xy - xm_y - ym_x + m_x m_y] =$$

Enligt härledning 14.7

$$= E[xy] - m_x m_y - m_x m_y + m_x m_y =$$

Slutsats

$$= E[xy] - m_x m_y = E[xy] - E[x]E[y].$$

När de stokastiska variablerna x och y är oberoende blir kovariansen $C[x; y] = 0$, vilket härledning 14.11 visar. Härledning 14.11 bygger på att för oberoende variabler är $P(A \cap B) = P(A) \cdot P(B)$, vilket för frekvensfunktionen blir $p_{X \cap Y}(j, k) = p_X(j) p_Y(k)$. Ett exempel på användning av resultatet i härledning 14.11 är att undersöka tärningskast på följande sätt. Kasta två tärningar n gånger och beräkna först m_x och m_y för kastserien. Beräkna sedan medelvärdet av alla produkter $\frac{1}{n}\sum(x_j - m_x)(y_j - m_y)$ och jämför det med värdet av $\frac{1}{n}\left(\sum\{x_j y_j\} - m_x m_y\right)$.

Härledning 14.11. Kovarians för oberoende variabler.

Vänsterled

$E[xy] =$

Enligt definition

$= \sum_j \sum_k \{(j \cdot k) \cdot p_{X \cap Y}(j,k)\} =$

Vid oberoende variabler

$= \left(\sum_j \{j \cdot p_X(j)\}\right) \cdot \left(\sum_k \{k \cdot p_Y(k)\}\right) =$

Enligt definition

$= E[x]E[y]$

Slutsats

$C[x;y] = 0$ för oberoende variabler.

För oberoende stokastiska variabler ger 14.10–11 att $C[x;y] = 0$. En utvidgning av härledning 14.9 ger därför att om varje par av variablerna $x_1, x_2, \dots, x_n$ är oberoende av varandra, så gäller att $V[\sum x_k] = \sum V[x_k]$. Särskilt användbart är följdsatsen att för medelvärden av oberoende mätningar med samma varians blir variansen $V\left[\frac{\sum x_k}{n}\right] = \frac{\sum V[x_k]}{n^2} = \frac{V[x]}{n}$. Den följer av att sätta $a \cdot x_k$ där $a = 1/n$ och sedan tillämpa härledning 14.8. Samma härledning gäller för följdsatsen $V[x - y] = V[x] + V[y]$ genom att skriva om $x - y$ som $x + a \cdot y$ där $a = (-1)$ och sedan tillämpa härledning 14.8.

Med dessa aritmetiska lagar som hjälpmedel är det dags att härleda väntevärden och varianser ur fördelningsfunktioner för några vanliga fördelningar, men först ett centralt resultat, som har fått just namnet ”centrala gränsvärdessatsen”.

Centrala gränsvärdessatsen

Centrala gränsvärdessatsen säger att ju fler oberoende variabler x_j med samma medelvärde och varians som ingår i ett medelvärde, desto mer kommer medelvärdet likna en normalfördelning. Förra kapitlet visade grafiskt att om variansen är tillräckligt stor, så kan flera andra fördelningar approximeras med normalfördelningen. Den fantastiska konsekvensen av detta är att centrala gränsvärdessatsen gäller även om de stokastiska variablerna inte är normalfördelade. Denna bok hoppar över den matematiska formuleringen av centrala gränsvärdessatsen men tar upp en mycket användbar följdsats.

Följdsats 14.12 om medelvärdets varians.

Förutsättning

Antag att de oberoende variablerna $x_1, \dots x_n$ har samma väntevärde $E[x_k] = m$ och samma standardavvikelse $D[x_k] = \sqrt{V[x_k]} = s$.

Påstående 1

Deras medelvärde har väntevärdet $E\left[\frac{\sum x_k}{n}\right] = m$.

Bevis

$$E[\sum(x_k/n)] = \frac{1}{n}\sum E[x_k] = \frac{n \cdot m}{n} = m$$

Påstående 2

Deras varians är $V\left[\frac{\sum x_k}{n}\right] = s^2/n$.

Bevis; oberoende ger

$$V[\sum(x_k/n)] = \sum(V[x_k/n]) = \frac{1}{n^2}\sum s^2 =$$
$$= n \cdot s^2/n^2 = s^2/n.$$

Exempel 14.13. Undersök följdsats 14.12 experimentellt!

Ett matematiskt experiment för att illustrera följdsats 14.12 är att kasta $n = 10$ tärningar och i en tabell notera summorna $\sum x_k$ och $\sum x_k^2$. Härledningarna 14.5–6 visar att dessa summor räcker för att beräkna försökets medelvärde $m = \frac{1}{n}\sum x_k$ och varians $s^2 = \left(\sum x_k^2 - \frac{1}{n}(\sum x_k)^2\right)/(n-1)$. Upprepa försöket åtminstone 20 gånger. Följdsatsen säger att det i genomsnitt ska skilja en faktor n mellan variansen av alla medelvärden och medelvärdet av alla varianser.

Binomialfördelningens väntevärde och varians

Binomialfördelningens fördelningsfunktion ges av översikt 13.4 och den växer från $P(0) = (1-p)^n$ till $P(n) = 1$. Detta senare påstående kräver ett bevis och det enklaste bygger på att binomialsumman kan skrivas som $(p+q)^n = \sum_{k=0}^{n} \binom{n}{k} p^k q^{n-k}$. För att se att binomet blir en summa av kombinationer, se fall 5 i tabell 7.16 i del 1 av denna bok. Sätt sedan in $q = 1 - p$ så blir det uppenbart att vänsterledet blir $1^n = 1$.

Blom (2005, s.170) genomför och jämför två bevismetoder av binomialfördelningens väntevärde och varians och bedömer den andra bevismetoden som mer elegant. Den första bevismetoden är att bestämma binomialfördelningens väntevärde genom att beräkna $E[x] = \sum_{k=0}^{\infty} k \cdot \binom{n}{k} p^k (1-p)^{n-k}$ och på samma sätt beräkna $E[k^2]$.

Det kräver det goda kunskaper om binomialfördelningens egenskaper och är även mer tekniskt. Ett smidigare sätt är att, som i exempel 14.1, tänka sig binomialfördelningen som en slumpvandring i ett rutnät med n steg där varje steg beskrivs med en slumpvariabel $Steg_k$ som i varje steg k med sannolikheten p antar värdet 1 och med sannolikheten $1-p$ antar värdet 0. Därmed har varje S_k väntevärdet $E[Steg_k] = 1 \cdot p + 0 \cdot (1-p) = p$. Generaliseringen av härledningen 14.7, nämligen att väntevärde av en summa är samma som summan av väntevärdena, alltså att $E[\sum Steg_k] = \sum E[Steg_k]$ ger nu att $\sum_{k=1}^{n} E[Steg_k] = n \cdot p$.

På motsvarande sätt blir $E\left[Steg_k^2\right] = 1^2 \cdot p + 0^2 \cdot (1 - p) = p$ och av räknelagen $V[x] = E[x^2] - (E[x])^2$ följer $V[Steg_k] = p \cdot (1-p)$. De stokastiska variablerna $Steg_k$ är oberoende av varandra och därför gäller att $V[\sum Steg_k] = \sum V[Steg_k]$, vilket ger att variansen för binomialfördelningen blir $\sum V[Steg_k] = n \cdot p \cdot (1-p)$.

Poissonfördelningens väntevärde och varians

Poissonfördelningens fördelningsfunktion ges av översikt 13.14 och den växer från $P(0) = e^{-m}$ till $\lim_{k \to \infty} P(k) = 1$. För att visa detta gränsvärde används Maclaurinserien $\sum_{k=0}^{\infty} m^k/k! = e^m$ vilket ger produkten $e^{-m}e^m = 1$. Maclaurinserien behövs också för att härleda Poissonfördelningens väntevärde och varians. Väntevärde och variansen härleds på ungefär samma sätt. Det enda som skiljer är att hantera täljaren k^2 genom att dela upp den i två delar som var för sig blir en MacLaurinutveckling av e^m.

Härledning 14.14. Poissonfördelningens varians.

Enligt definition

$E[k^2] = \sum_{k=0}^{\infty} k^2 \cdot e^{-m} \cdot m^k/k!$

Dela upp kvot

$= \frac{k^2}{k!} = \frac{k}{(k-1)!} = \frac{k-1}{(k-1)!} + \frac{1}{(k-1)!}$

Som för väntevärdet

$E[k^2] =$

$= m \cdot e^{-m} \left(m \sum_{k-2=0}^{\infty} \frac{m^{k-2}}{(k-2)!} + \sum_{k-1=0}^{\infty} \frac{m^{k-1}}{(k-1)!} \right) =$

MacLaurinutveckling

$= m \cdot e^{-m}(m \cdot e^m + e^m) = m^2 + m$

Slå samman enligt $E[z^2] - (E[z])^2 = V[z]$

$V[k] = (m^2 + m) - m^2 = m$

För-första-gångenfördelningens väntevärde och varians

Översikt 13.6 ger att ffg-fördelningens fördelningsfunktion växer från $P(k = 1) = p$ till $\lim\limits_{k \to \infty} P(k) = 1$. Detta gränsvärde följer av att skriva om summeringsgränserna så att de passar för en geometrisk summa $p \cdot \sum_{k=0}^{\infty}(1-p)^k = \frac{p}{1-(1-p)} = 1$. Detta behövs också för att härleda fördelningens väntevärde och varians. En not är att den geometriska fördelningen med $p(\mathrm{k}) = p(1-p)^k$ där $0 \leq k$ är mycket lik ffg-fördelningen och dess egenskaper härleds på i stort sett samma sätt.

En matematisk detalj i härledningarna 14.15–16 är att oändliga summor måste vara absolutkonvergenta för att det ska vara tillåtet att byta plats på summering och derivering. Variansen härleds på ungefär samma sätt som väntevärdet.

Härledning 14.15. ffg-fördelningens väntevärde.

Enligt definition

$$E[k] = \sum_{k=1}^{\infty} k \cdot p(1-p)^{k-1} =$$

Summera från $k = 0$

$$E[k] = p \cdot \sum_{k=0}^{\infty} k(1-p)^{k-1} =$$

Skriv om som derivata

$$= p \cdot \sum_{k=0}^{\infty} \frac{d}{dp}[-(1-p)^k] =$$

Byt ordning

$$= -p \cdot \frac{d}{dp}[\sum_{k=0}^{\infty}(1-p)^k] =$$

Geometrisk summa

$$= -p \cdot \frac{d}{dp}\left[\frac{1}{p}\right] = \frac{1}{p}$$

Härledning 14.16. ffg-fördelningens varians.

Enligt definition

$$E(k^2) = \sum_{k=1}^{\infty} k^2 \cdot p(1-p)^{k-1} =$$

Som för väntevärde

$$= -p \cdot \frac{d}{dp}[\sum_{k=0}^{\infty} k(1-p)^k] =$$

Bryt ut $(1-p)$

$$= -p \cdot \frac{d}{dp}[(1-p)\sum_{k=0}^{\infty} k(1-p)^{k-1}] =$$

Summan $= \frac{E(k)}{p} = \frac{1}{p^2}$

$$= -p \cdot \frac{d}{dp}\left[(1-p)\frac{E[k]}{p}\right] =$$

Derivera

$$= -p \cdot \frac{d}{dp}\left[\frac{1-p}{p^2}\right] = \frac{2-p}{p^2}$$

Slå samman enligt $E[z^2] - (E[z])^2 = V[z]$

$$V[k] = \left(\frac{2-p}{p^2}\right) - \left(\frac{1}{p}\right)^2 = \frac{1-p}{p^2}$$

Exponentialfördelningens väntevärde och varians

Exponentialfördelningen är definierad endast för $0 \leq x$ med fördelningsfunktion och frekvensfunktion (dess derivata) enligt översikt 13.11. Det är uppenbart att dess fördelningsfunktion har de egenskaper en fördelningsfunktion måste ha, nämligen att den i hela definitionsmängden ökar från $F(0) = 0$ till $\lim_{x \to \infty} F(x) = 1$. Härledning 14.17 ger exponentialfördelningens väntevärde genom partiell integration $\int f(x)g(x)dx = F(x)g(x) - \int F(x)g'(x)dx$ av frekvensfunktionen för exponentialfördelningens definitionsområde $0 \leq x$.

Härledning 14.17. Exponentialfördelningens väntevärde.

Enligt definition

$$E[x] = \int_0^\infty f(x) \cdot x\, dx = \int_0^\infty \frac{e^{-x/m}}{m} \cdot x\, dx =$$

Partiell integration

$$= \left[\left(-e^{-x/m}\right) \cdot x\right]_0^\infty - \int_0^\infty \left(-e^{-x/m}\right) \cdot 1\, dx$$

Första termen

$$\left[\left(-e^{-x/m}\right) \cdot x\right]_0^\infty = 0 - 0 = 0$$

Andra termen

$$-\int_0^\infty \left(-e^{-x/m}\right) dx = \left[-m \cdot e^{-x/m}\right]_0^\infty =$$

$$= 0 - (-m) = m$$

Första + andra termen

$$E[x] = 0 + m = m$$

Cauchyfördelningen saknar väntevärde och varians

Ett strikt bevis kräver att man visar att integralerna (och summorna för ordningsnivå) är absolutkonvergenta. Ett exempel på att frågan om konvergens är relevant är Cauchyfördelningen med frekvensfunktion $\frac{1}{\pi} \cdot \frac{a}{a^2+x^2}$ och fördelningsfunktion $\frac{1}{2} + \frac{1}{\pi} arctan(x/a)$. För Cauchyfördelningen blir $E[x] = \int_{-\infty}^{\infty} x \cdot \frac{a/\pi}{a^2+x^2} dx$, men ingen av delarna $\int_{-\infty}^{0} x \cdot \frac{a/\pi}{a^2+x^2} dx$ och $\int_{0}^{\infty} x \cdot \frac{a/\pi}{a^2+x^2} dx$ i integralen är konvergent eftersom $\int_{0}^{t} \frac{2x}{1+x^2} dx = ln(1+t^2)$ går mot oändligheten då t går mot oändligheten. Även om $\int_{-t}^{t} \frac{2x}{1+x^2} dx = ln(1+t^2) - ln(1+t^2) = 0$, så är det inte tillåtet att låta $t \to \infty$ eftersom räkneoperationer av typen $\infty - \infty$ är odefinierade.

Det betyder att även om Cauchyfördelningen uppfyller kraven på att vara en fördelningsfunktion (att gå från 0 till 1 och vara växande), så saknar den väntevärde och varians. Fortsättningen av detta kapitel tar därför endast upp fördelningar där väntevärdesoperatorn har konvergenta summor och integraler. Exponentialfördelningens varians härleds i på motsvarande sätt och lämnas som övning.

Normalfördelningens väntevärde och varians

Värdet av normalfördelningens integral

Beteckningen $exp(x)$ är ett annat skrivsätt för exponentialfunktionen e^x och översikt 13.17 ger normalfördelningens fördelningsfunktion och dess frekvensfunktion (derivata). Normalfördelningen är definierad på hela reella axeln. Det är uppenbart att dess frekvensfunktionen $f(x) \geq 0$ på hela reella axeln och att $F(-\infty) = 0$. Därmed ökar fördelningsfunktion i hela definitionsmängden.

Men frågan är vad värdet av $\lim_{x \to \infty} F(x)$ är. Dess fördelningsfunktion saknar analytiskt uttryck, vilket betyder att det inte finns en explicit formel för hur den kan beräknas numeriskt. Däremot går det att beräkna $I = \int_{-\infty}^{\infty} \exp(-x^2)dx$ genom en omskrivning. Sätt $I^2 = \left(\int_{-\infty}^{\infty} \exp(-x^2)dx\right)^2$. Nu är $I^2 = \left(\int_{-\infty}^{\infty} \exp(-x^2)dx\right) \cdot \left(\int_{-\infty}^{\infty} \exp(-y^2)dy\right)$. Eftersom x och y är oberoende av varandra, så går det bra att sammanfoga integralerna till dubbelintegralen $I^2 = \iint_{-\infty}^{\infty} \exp\left(-(x^2 + y^2)\right)dxdy$. Byt sedan till polära koordinater med substitutionen $dxdy = rdrd\varphi$, varvid dubbelintegralen blir $I^2 = \int_0^{\infty} \int_0^{2\pi} \exp(-r^2)rdrd\varphi$.

Variablerna r och φ är oberoende och därför går det att separera dubbelintegralen till $I^2 = \int_0^{2\pi} d\varphi \cdot \frac{(-1)}{2} \int_0^{\infty} (-2\text{r}) \cdot \exp(-r^2)dr$. Delen $\int_0^{2\pi} d\varphi = 2\pi$ och delen $\frac{(-1)}{2} \int_0^{\infty} (-2\text{r}) \cdot \exp(-r^2)dr = \frac{(-1)}{2} [\exp(-r^2)]_0^{\infty} = \frac{1}{2}$.

Tillsammans ger de två faktorerna att $I = \sqrt{\pi}$. Slutligen, för att få detta att bli normalfördelningen behövs variabelsubstitutionen $x = t/\left(s\sqrt{2}\right)$ med $dx = dt/\left(s\sqrt{2}\right)$ i den ursprungliga integralen I, vilket ger $\sqrt{\pi} = \frac{1}{s\sqrt{2}} \int_{-\infty}^{\infty} \exp(-t^2/(2s^2))dt$. För att få värdet 1 på integralen, så behöver vi därför normera den till $\frac{1}{s\sqrt{2\pi}}\int_{-\infty}^{\infty}\exp(-t^2/(2s^2))dt$.

Väntevärde och varians för normalfördelningen

Precis som för exponentialfördelningen, så beräknas normalfördelningens väntevärde och varians med partiell integration. För att göra beräkningarna mer översiktliga och därmed lättare att följa, så är det en fördel att bunta ihop detaljer i en större faktor. Ett naturligt val är $a = 1/s\sqrt{2\pi}$. Efter en del reflektion syns det att ett val som förenklar beräkningarna i härledningarna 14.18–19 är substitutionerna $b = -1/s^2$ och $g(x) = b \cdot (x-m)^2/2$ med $g'(x) = b(x-m)$ eftersom de hjälper till att hitta en inre derivata för den kommande partiella integreringen.

Härledning 14.18. Normalfördelningens väntevärde.

$$E[x] = a\int_{-\infty}^{\infty} x \cdot e^{g(x)}\,dx$$

Addera & subtrahera m

$$E[x] = a\int_{-\infty}^{\infty}(x-m) \cdot e^{g(x)}\,dx +$$

$$+a\int_{-\infty}^{\infty} m \cdot e^{g(x)}\,dx$$

Symmetri ger att första termen $= 0$

$$a\int_{-\infty}^{m}(x-m) \cdot e^{g(x)}\,dx =$$

$$= -a\int_{m}^{\infty}(x-m) \cdot e^{g(x)}\,dx$$

Andra termen

$$a\int_{-\infty}^{\infty} m \cdot e^{g(x)}\,dx = ma\int_{-\infty}^{\infty} e^{g(x)}\,dx = m \cdot 1$$

Slutsats

$$E[x] = 0 + m \cdot 1 = m$$

Härledning 14.19. Normalfördelningens varians.

Enligt definition

$$E[x^2] = a\int_{-\infty}^{\infty} x^2 \cdot e^{g(x)}\, dx =$$

Omskrivning

$$= a\int_{-\infty}^{\infty} \left(x \cdot \frac{1}{b} g'(x) e^{g(x)} + m \cdot x \cdot e^{g(x)}\right) dx$$

Andra termen

$$a\int_{-\infty}^{\infty} \left(m \cdot x \cdot e^{g(x)}\right) dx = m \cdot E(x) = m^2$$

Partiell integration av första termen

$$a\left[\frac{x}{b} e^{g(x)}\right]_{-\infty}^{\infty} - \frac{1}{b}\int_{-\infty}^{\infty} a \cdot e^{g(x)}\, dx =$$

$$= (0-0) - \frac{1}{b} \cdot 1 = -\frac{1}{b} = s^2$$

Slå samman enligt $E[z^2] - (E[z])^2 = V[z]$

$$V[x] = (s^2 + m^2) - m^2 = s^2$$

Kapitel 15 – Inferens – att dra statistiska slutsatser

I stokastiken betyder ordet *inferens* att dra statistiska slutsatser om hur vanlig eller ovanlig en händelse är, med andra ord, hur sannolik händelsen är. Området lärares kunskaper i inferens är ett ungt och därför ännu ett ganska litet forskningsområde (Blomberg m.fl. 2022). Exempel 15.1 illustrerar att grundprincipen för inferens är tämligen enkel, nämligen att plotta frekvensfunktionen och undersöka inom vilka intervallgränser som det mesta av sannolikhetsfördelningen finns, som i figur 15.1a.

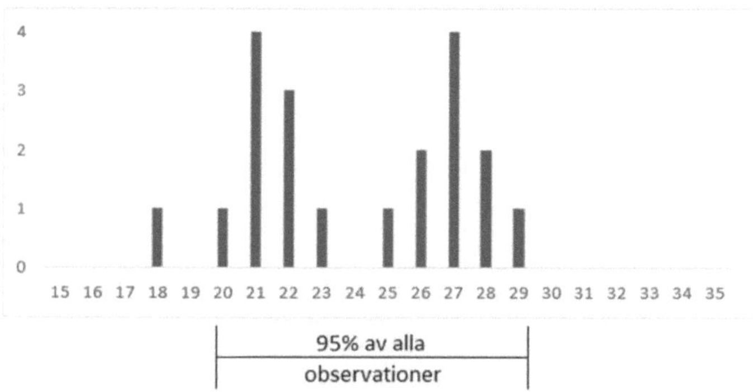

Figur 15.1a. Antal udda i 50 tärningskast vid 20 försök.

Exempel 15.1. Antal udda i 50 tärningskast (20 försök).

Klassen kastar tärning i smågrupper. Varje smågrupp gör 50 kast och räknar antal gånger som de får udda antal prickar. En i klassen är sekreterare och efter varje kastserie går en elev i elevgruppen fram till sekreteraren och meddelar antal gånger de fick udda antal prickar. Sekreteraren knappar in värden i ett kalkylblad. Det blir en hel del spring i klassen, men det går ganska fort. Klassen gör sammanlagt 20 försök (med 50 tärningskast i varje försök) och när datainsamlingen är klar, hjälper läraren sekreteraren att göra ett diagram i kalkylbladet.

När det handlar om slump brukar läraren fråga om det vanligaste utfallet, som blir typvärdet. Men denna gång frågar läraren annorlunda och följande klassrumsdialog utspelar sig.

Läraren	Vilka är de ovanligaste utfallen?
Elev 1	Exempelvis 21 och 23 är ovanliga.
Elev 2	19 och 24 är ännu ovanligare då de har noll i frekvens.
Läraren	Nu frågar jag istället: Inom vilket intervall ligger majoriteten av utfallen?
Elev 3	Från 20 till 29.
Elev 4	Men borde inte 25 ligga i mitten av intervallet?
Elev 3	OK, då säger jag från 20 till 30.
Läraren	Hur många procent av alla försök ligger i intervallet $[20; 30]$?
Elev 4	$19/20 = 95\%$
Läraren	I vårt försök fann vi att 95% av utfallen ligger inuti detta intervallet. Om vi skulle göra om försöket, tror ni att ungefär 95% även då skulle ligga i intervallet $[20; 30]$?

Statistisk inferens genom konfidensintervall

I ett nötskal handlar inferens om att hitta ett intervall inom vilket en majoritet av alla utfall ligger. I stokastiken kallas ett sådant intervall för *konfidensintervall*, där förledet konfidens betyder att man kan vara förtrogen med att intervallet innehåller en i förväg bestämd och stor andel av alla utfall, exempelvis 95%. Inferens handlar också om motsvarande inversa (omvända) problem; att givet ett intervall bestämma hur sannolikt det är för ett värde att ligga utanför intervallet. Exempel 15.1 använder resultatet från en handfast statistisk undersökning och diagram som representationsform för att illustrera vad ett konfidensintervall är.

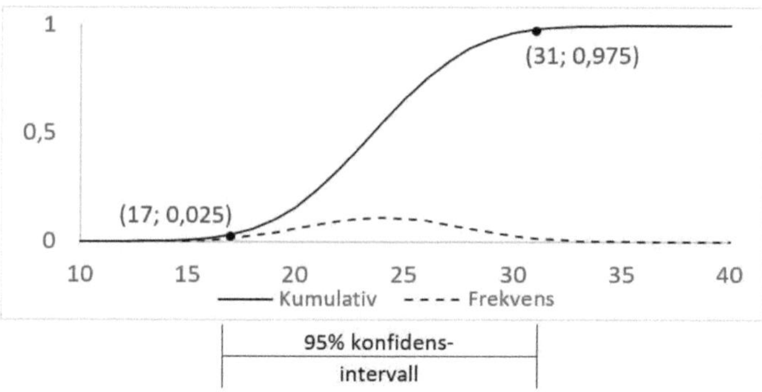

Figur 15.2. Normalapproximation (kumulativ) av fördelningen i exempel 15.1.

För att med större noggrannhet kunna bestämma konfidensintervallet, så behövs en algebraisk och numerisk representationsform i form av en ekvation och figur 15.2 illustrerar grafiskt vad denna ekvation motsvarar för den kumulativa fördelningsfunktionen medan konfidensintervallet inte går att avläsa ur fördelningens frekvensfunktion.

Bestäm först en fördelningsfunktion $F(x)$ som beskriver problemsituationen, här $Bin(50; 0{,}481)$ plottad i figur 15.2 med kalkylbladsanropet $= BINOM.FÖRD.INTERVALL(50; 0{,}481; k_1; k_2)$ där $k_1 = 0$ och k_2 går från 0 till 50. Välj en sannolikhet α, här $\alpha = 0{,}05$. Denna sannolikhet kallas signifikansnivå och sannolikheten $1 - \alpha$ kallas konfidensnivå. Konfidensintervallet är alltså det intervall inom vilket andelen $1 - \alpha$ av alla utfall förväntas ligga. Ju mindre α, desto bredare konfidensintervall.

Eftersom försöket i exempel 15.1 motsvarar en symmetrisk frekvensfunktion så blir konfidensintervallet lösningen till ekvationerna $F(a) = 0{,}025$ och $F(b) = 0{,}975$. Figur 15.2 ger lösningarna $F(17) \approx 0{,}025$ och $F(31) \approx 0{,}975$, alltså att konfidensintervallet är $[17; 31]$. Notera att detta konfidensintervall är något bredare än den preliminära uppskattningen $[20; 30]$ i exempel 15.1. Exempel 15.3 illustrerar gången i arbetet med att ta fram ett konfidensintervall.

Exempel 15.3. Arbetsgång i att beräkna ett konfidensintervall för exempel 15.1.

Ge argument för vilken fördelning som passar.

Eftersom utfallet är en frekvens i någon av de två kategorinivåerna *udda* eller *jämnt* antal prickar och sannolikheten inte förändras när vi upprepar försöket, så motsvarar detta en binomialfördelning.

Bestäm parametrar i fördelningen

Binomialfördelningen $Bin(n; p)$ har parametrarna $n =$ antal utfall i varje försök och $p =$ sannolikhet för ett visst utfall.

Det är 20 försök och $n = 50$ kast i varje försök, vilket ger1 000 tärningskast.

För att bestämma p, beräkna frekvensen av antalet udda $= 1 \cdot (18 + 20 + 23 + 25 + 29) + 2 \cdot (26 + 28) + 3 \cdot (22) + 4 \cdot (21 + 27) = 481$.

Skattad sannolikhet för udda är därför $p = \frac{481}{1000}$.

Approximera till normalfördelning

Eftersom variansen $V = np(1 - p) \approx 12{,}48 > 10$ går det bra att normalapproximera till $N\left(np; \sqrt{varians}\right) = N(24{,}05;\ 3{,}53)$.

Välj signifikansnivå

Välj $\alpha = 0{,}05$. Lös ekvationerna $F(a) = 0{,}05/2$ och $F(b) = (1 - 0{,}05/2)$, gärna med uträkningar gjorda i kalkylblad (här Excel):

$= NORM.INV\left(0{,}025; medel; \sqrt{varians}\right)$

$= NORM.INV\left(0{,}975; medel; \sqrt{varians}\right)$

Dessa beräkningar ger konfidensintervallet $[a; b] \approx [17; 31]$.

Valet av signifikansnivå beror ofta av undersökningsfrågan. I samhällsvetenskaper är det vanligt med stora varianser och där är signifikansnivån $\alpha = 0{,}05$ vanlig. Däremot går det ibland att mäta otroligt noggrant i exempelvis fysik och då kan signifikansnivån få lägre värden. Notera att exempel 15.3 använder kalkylblad i de sista raderna för att för signifikansnivån 0,05 lösa ekvationerna $F(a) = 0{,}025$ och

$F(b) = 0{,}975$. Anledningen till detta är att fördelningsfunktioner och deras inverser vanligen inte går att beräkna exakt. Det är därför nödvändigt att förlita sig på någon form av numeriska beräkningar, lämpligen via digitala verktyg och det är någorlunda okomplicerat att beräkna ett konfidensintervall med hjälp av lämpliga digitala verktyg.

Konfidensintervall ur formelsamling

En historisk not är att innan digitala verktyg var allmänt tillgängliga, så var en nödvändig kunskap att kunna använda sig av tabeller för olika fördelningar, se bokens formelsamling. Med tabeller istället för digitala hjälpmedel krävs det ytterligare ett beräkningssteg samt ett visst handlag med ekvationer. Ett konfidensintervall för normalfördelningen är symmetriskt runt medelvärdet och har formen $medel \pm intervallhalva$. Det halva intervallet uttrycks vanligen som hur många standardavvikelser ($= \sqrt{varians}$) ut från medelvärdet som konfidensintervallet sträcker sig. För signifikansnivån $\alpha = 0{,}05$ är det knappt två standardavvikelser, nämligen att konfidensintervallet blir $medel \pm 1{,}96 \cdot standardavvikelse$.

Hypotesprövning och signifikansnivå

Tukey (1980) urskiljer två faser i arbetet med stokastik. Den första fasen har som mål att utforska data med syftet att hitta (minst) en intressant fråga att undersöka och formulera denna som en hypotes att pröva. Den andra fasen har som mål att i ett stokastiskt försök pröva denna hypotes.

Som ett exempel på hur en hypotes ser ut, minns att elev 4 i exempel 15.1 indirekt formulerade en hypotes genom att föreslå att 25 borde ligga mitt i konfidensintervallet. En teknisk term för detta är *nollhypotes*, vanligen betecknad H_0. Spelreglerna för statistisk hypotesprövning kräver att det finns en mothypotes kallad alternativhypotes H_a som språkligt sett är en negation av nollhypotesen. För exempel 15.1 blir nollhypotesen och dess alternativhypotes följande:

H_0 (nollhypotes)
Värdet 25 ligger inom försöksseriens konfidensintervall.
H_a (alternativhypotes)
Värdet 25 ligger ej inom försöksseriens konfidensintervall.

Beräkningarna i exempel 15.3 ger att värdet 25 verkligen ligger i det på signifikansnivån 0,05 beräknade konfidensintervallet $[17; 31]$ och hypotesprövningen ger svaret ”förkasta ej H_0”. Notera även det ödmjuka språkbruket där stokastiken inte yttrar sig om nollhypotesen är sann eller falsk utan endast att detta experiment inte kan utesluta att den stämmer.

En ovanlig händelse eller en kausalitet

Första meningen i detta kapitel beskriver statistisk inferens som att urskilja om en händelse ska räknas som vanlig eller ovanlig. Stokastiskt sett är detta det enda som statistisk inferens gör. Däremot har den som tolkar en hypotesprövning betydligt högre ambitioner än så. Nämligen, om en hypotesprövning leder till att förkasta en nollhypotes, så tolkas det stokastiskt inte endast som ”en ovanlig händelse” utan även som en kausalitet, alltså att det finns ett orsakssamband till det alternativa resultatet. Alltså att något faktiskt har förändrats. Ett exempel på detta är att göra en interventionsstudie. Sådana studier har vanligen mönstret förtest, intervention och eftertest och kan vara så enkla som i exempel 15.4.

Exempel 15.4. Principen för en interventionsstudie.

Förtest

Under idrottslektionen dag noll gör eleverna så många armhävningar i följd som var och en kan. Eftersom deltagande måste vara frivilligt, så kallas eleverna försöksdeltagare.

Intervention

De följande 20 dagarna gör försöksdeltagarna varje morgon och kväll lika många armhävningar i följd som 75% av antalet armhävningar de orkade första dagen. Alltså, den som dag 0 klarar 12 armhävningar gör två gånger 9 armhävningar varje dag under försöksperioden.

Eftertest

Under idrottslektionen dag 21 gör eleverna så många armhävningar i följd som var och en kan.

Hypotesprövning

Nollhypotes: Det är ingen skillnad mellan före och efter interventionen i hur många armhävningar eleverna klarar.

Alternativhypotes: Det är skillnad mellan före och efter interventionen i hur många armhävningar eleverna klarar.

Om resultatet av interventionsstudien är att på signifikansnivån 0,05 förkasta nollhypotesen, så går ju detta att tolka resultatet som en ovanlig händelse. Det är dock mer naturligt att tolka resultatet som en kausalitet, nämligen: På signifikansnivån 0,05 påstår försöksledaren att om den population som elevgruppen tillhör, gjorde interventionen, så skulle de klara fler armhävningar efter interventionen. Detta påstående betyder att försöksledaren säger att det finns en kausalitet, alltså ett orsakssamband mellan interventionen och det förbättrade resultatet, men reserverar sig också för sannolikheten 0,05 (=5%) att det kan vara slumpen som är orsak till detta. Det kan ju ha varit så att dag noll var en ovanligt varm dag då eleverna inte orkade ta i ordentligt under förtestet.

Att vid stokastisk modellering ständigt och jämt behöva reservera ett förkastande av nollhypotesen för mätfel och andra slumpmässiga orsaker förefaller göra det svårt att tolka studiens resultat som en kausalitet. Ett exempel på detta är att vetenskapare ibland ifrågasätts av personer som säger ungefär; "hur ska jag kunna tro på det du säger om inte ens du själv är 100% säker på din sak?". Här behövs undervisning som betonar vad signifikansnivå α och konfidensnivå $1 - \alpha$ är. Om vi kastar en tärning 100 gånger och finner att medelvärdet kraftigt skiljer sig från 3,5 så är det naturligt att söka efter någon annan orsak än slumpen till detta. Kanske är tärningen kladdig på en sida, som därför ofta hamnar nedåt genom att den sidan häftar vid underlaget.

Att hypotespröva bivariata samband

Hypotesprövningen för exempel 15.3 är att pröva om ett på förhand bestämt värde ligger inuti eller utanför konfidensintervallet. För interventionen i exempel 15.4

handlar det istället om att jämföra två olika stokastiska försök, nämligen före och efter interventionen där både förtest och eftertest är försök där slumpen spelar in.

Det är inte nödvändigt att det är exakt samma deltagare i förtestet och eftertestet. Det handlar om två olika stokastiska försök och motsvarar att göra en bivariat undersökning. Tabell 15.5 visar att det också är möjligt att kombinera olika mätskalor och att detta leder till att man för varje kombination av datanivå måste överväga vilken fördelning med tillhörande metod det motsvarar. Den grekiska bokstaven χ i tabell 15.5 uttalas tji eller ki med k-ljud och χ^2 uttalas chi2 eller chi-kvadrat. Ett t-test jämför två gruppers medelvärden. Exempel på tester för parvisa data är korrelation och F-test av modeller.

Tabell 15.5. Datanivå och metoder för hypotesprövning.

		Oberoende variabel		
	Datanivå	Kategori	Ordning	Mått
Beroende variabel	Kategori	χ^2-test	χ^2-test	Nej
	Ordning	χ^2-test, Rangtest	χ^2-test, Rangtest	Nej
	Mått	Rangtest, t-test	Rangtest, t-test	Test för parvisa data

Färre kategorier för beroende än oberoende variabel

Ett vanligt krav på kombinationer av mätskalor är att den beroende variabeln måste ha färre kategorier än den oberoende variabeln. Detta krav blir tydligt genom att betrakta en tabell med biologiska genus och längd för pojkar och flickor i exempelvis årskurs 6. Här blir längd beroende variabel medan biologiskt genus är oberoende variabel. Notera att genus är två kategorier med flera personer i respektive kategori medan längd i klassen varierar, säg, i intervallet [145; 165].

Om vi vänder på studien och försöker undersöka vilket genus som är vanligast för en viss längd i denna skolklass, så blir studien meningslös då troligen finns endast en person i varje längdkategori, åtminstone om vi mäter på millimetern när. Huvudregeln för att stokastiskt undersöka samband måste därför vara att det finns många nog datapunkter, exempelvis personer, i varje kategori av den oberoende variabeln så att det är meningsfullt att statistiskt jämföra åtminstone två kategorier. Om så inte är fallet, så är det nödvändigt att aggregera. Exempelvis att alla som är högst 155 cm långa slås samman till en kategori och alla som är mer än 155 cm långa blir en annan kategori. Denna kategoriindelning av längden gör att det blir högst så många längdkategorier som det finns genuskategorier.

Efter att ha rett ut detta med att kategorierna i den oberoende variabeln måste vara färre än kategorierna i den beroende variabeln, så är det dags att gå vidare med att presentera några typproblem för hypotesprövning för olika kombinationer av mätskalor. Många statistiska problem motsvarar att undersöka om olikheten mellan minst två stickprov är tillräckligt stor för att vara statistiskt signifikant. Ett första sätt att göra detta är att undersöka differenser mellan medelvärden och till detta behövs t-fördelningen som liknar normalfördelningen. Ett andra sätt är att undersöka om storleken på varianser skiljer sig mellan två stickprov. Variansernas storlek kan undersökas dels som summor och dels som kvoter och detta leder till de två olika fördelningarna chi2-fördelningen och F-fördelningen.

Fyra personer bakom tre fördelningar

Personerna bakom metoderna i tabell 15.5 förtjänar en historisk not då de formulerades av tre personer som var nära bekanta med varandra (Zabell, 2008). Karl Pearson är upphovsperson till bland annat chi2-metoden och korrelationskoefficienter. Chi2-fördelningen beskrevs först av Helmert (Hald, 2007; Helmert, 1876) och återupptäcktes sedan av Pearson. Ronald Fisher är upphovsperson till F-fördelningen och William Gosset är upphovsperson till t-fördelningen. Pearson var lärare till Gosset, som i sin tur brevväxlade flitigt med Fisher och båda dessa publicerade artiklar i tidskriften Biometrika, som Pearson hade grundat. Dessa tre personer betydde oerhört mycket för den moderna statistikens framväxt.

Som kemist behövde Gosset göra statistiska analyser och för att lära sig mer statistik, studerade Gosset för Pearson. I Pearsons undervisning mötte Gosset statistikteori för stora stickprov. Med sin erfarenhet som kemist fann dock Gosset att det ofta var praktiskt nödvändigt att göra experiment med små stickprov. Därför härledde han intuitivt t-fördelningen och publicerade den under pseudonymen Student (1908) av det enkla skälet att kemisters upptäckter av tradition betraktades som företagshemligheter (Zabell, 2008). Gossets arbetsgivare gav honom undantag från denna regel mot att han publicerade under pseudonym. Fisher insåg att t-fördelningen var mycket användbar och hjälpte Gosset att marknadsföra den genom en formell härledning tillsammans med ett flertal tillämpningar av Gossets t-fördelning (Fisher, 1925a, 1925b).

Chi2-test

För att illustrera statistiska tester behövs en datamängd och för att beräkningarna inte ska stå i vägen för metodens idé, så bör datamängden vara kort. Tabell 15.6 ger en tänkt datamängd som skulle kunna vara provpoäng för en liten undervisningsgrupp på en diagnos före och ett examinerande prov med en serie lektioner emellan. Därmed har denna statistiska undersökning samma upplägg som exempel 15.4 med uppenbara ändringar i nollhypotes och alternativhypotes.

Tabell 15.6. En dataserie för statistiska tester.

	Provpoäng	
Elev	Förtest	Eftertest
A	1	5
B & C	5	9
D	6	9
E & F	6	10
G	7	10
H	8	11
I	9	13
J	10	14

Chi2-testet passar för att statistiskt undersöka situationer där data kan delas in i kategorier eller ordningsnivåer och där undersökningsfrågan motsvarar att jämföra frekvenser i varje grupp. För åskådlighetens skull väljs här en enkel studiedesign genom att dela in eleverna i tabell 15.6 efter om de presterar högst 7 eller minst 8 poäng på de båda testerna före och efter interventionen och denna typ av tabellsammanställning i 15.7 kallas kontingenstabell.

Tabell 15.7. Frekvens per resultatnivå före och efter intervention.

Nivågruppering	Före	Efter	Summa	Andel
Högst 7 poäng	7	1	8	40%
Minst 8 poäng	3	9	12	60%
Summa	10	10	20	

Chi2-metoden i Geogebra

För den som snabbt vill komma till beräkningarna, så erbjuder Geogebra ett smidigt verktyg för chi2-metoden. I Geogebra finns även ett test vid namn *goodness of fit*, vilket är identiskt med chi2-test med endast en rad eller en kolumn. Ett exempel på en situation för goodness of fit är att undersöka om en vanlig tärning verkligen ger sannolikheten $1/6$ för varje utfall. Notera också att Geogebra använder punkt istället för komma som decimaltecken.

Chi2-metoden i Geogebra fungerar på följande sätt. Starta Geogebra, klicka på ikonen med de tre vågräta strecken uppe till höger i figur 15.8 och i denna meny, klicka på ikonen *perspektiv* och välj sedan verktyget *statistik* och därefter *Chi-två-test*. Välj sedan önskat antal rader och kolumner och gör övriga val, så sköter Geogebra alla beräkningar och det räcker att avläsa värdet p nere till vänster i figuren och se efter om det är mindre än vald signifikansnivå, som ofta är 0,05 i beteendevetenskaper.

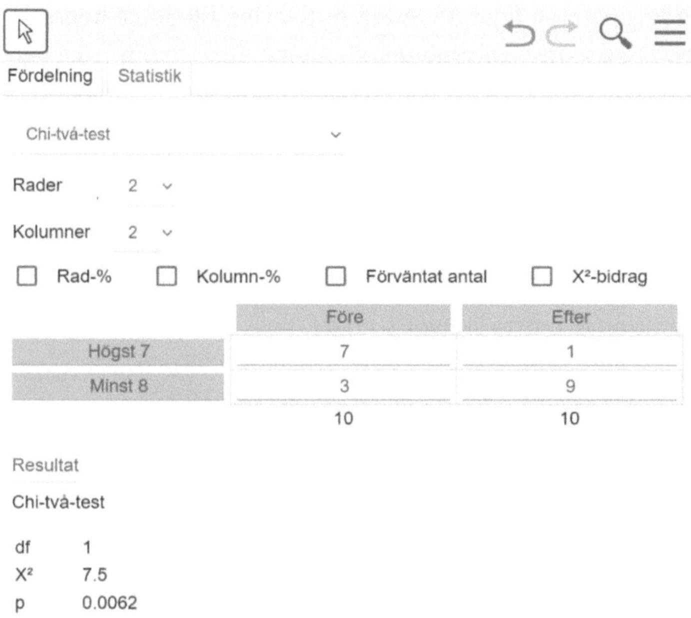

Figur 15.8. Chi2-metoden i Geogebra.

En tumregel för chi2-metoden är att minst 80% av rutorna i kontingenstabellen ska ha lägst 5 som frekvens – tabellen i figur 15.8 uppfyller inte detta villkor. Om detta villkor inte är uppfyllt, så är ett alternativ att aggregera data och på så sätt minska antalet rader och kolumner i en chi2-tabell tills detta villkor är uppfyllt. Om aggregering inte hjälper, så är ett andra alternativ att använda Fishers exakta metod, som beskrivs senare i detta kapitel.

Begreppet frihetsgrader

Ett centralt begrepp i statistik är frihetsgrader, vilket ofta förkortas df efter engelskans degrees of freedom, se variabeln

df i nederdelen av figur 15.8. En motivering till detta begrepp är att betrakta kontingenstabellen 15.7 som är en frekvenstabell för tabell 15.6. Skriv om kontingenstabell 15.7 som ekvationssystemet i tabell 15.9. Om summorna i tabell 15.9 är bestämda i förväg, så räcker det att känna till värdet hos en variabel, exempelvis $x_{11} = 7$ för att kunna beräkna värdet för övriga variabler i ekvationssystemet i tabell 15.9. I statistiken betecknas detta med att tabell 15.7 har frihetsgraden ett, ofta skrivet som $df = 1$.

Tabell 15.9. Tabell 15.7 som ekvationssystem.

Nivågruppering	Före	Efter	Summa
Högst 7 poäng	7	$+x_{12} =$	8
Minst 8 poäng	x_{21}	$+x_{22} =$	12
Summa	10	10	20

För att få en generell formel för frihetsgrader, generalisera ekvationssystemet i tabell 15.9 till det i kontingenstabell 15.10. Betrakta rad 1, som är en linjär ekvationen med n stycken obekanta. Om $n - 1$ av dessa är kända, exempelvis alla utom x_{1n}, så kan denna beräknas som $x_{1n} = \sum rad_1 - \sum_{j=1}^{n-1} x_{1j}$. Det betyder att om tabell 15.10 hade endast en rad, så ger detta att $antal\, frihetsgrader = (antal\, kolumner - 1)$. Denna slutsats går att generalisera till en tabell med flera rader genom att resonera på samma sätt för varje kolumn.

Exempelvis motsvarar kolumnen k ekvationen $\sum kol_k = \sum_{j=1}^{n} x_{jk}$ och om alla variabler utom en i kolumn k är känd, så kan denna variabel bestämmas ur ekvationen. Det betyder att antalet variabler som går att välja fritt i ekvationssystemet i tabell 15.10 är $antal\, frihetsgrader = (antal\, kolumner - 1) \cdot (antal\, rader - 1)$.

Tabell 15.10. En generalisering av ekvationssystemet i tabell 15.9.

	Kolumn 1	Kol. 2	..	Kol. n	Summor
Rad 1	x_{11}	$+x_{12}$	..	$+x_{1n}$	$=\sum rad_1$
Rad 2	x_{21}	$+x_{22}$	..	$+x_{2n}$	$=\sum rad_2$
:	:	:	..	:	:
Rad m	x_{m1}	$+x_{m2}$	..	$+x_{mn}$	$=\sum rad_m$
Summor	$=\sum kol_1$	$=\sum kol_2$		$=\sum kol_n$	

Matematiken bakom chi2-testet

Chi2-testet beskrivs ofta som ett test av om två händelser är oberoende och detta blir tydligt genom att i figur 15.11 geometriskt illustrera vad chi2-metoden innebär. Den övre delen av figur 15.11 visar en grafisk version av kontingenstabell 15.7.

Om resultaten före och efter interventionen vore oberoende av varandra, så skulle förhållandena 7:3 och 1:9 vara ungefär desamma. Mer precist uttryckt, eftersom det är totalt 8 av 20 gjorda prov ($=40\%$) som får högst 7 poäng, så skulle dessa 8 provresultat vara proportionerligt fördelade mellan provtillfällena före och efter interventionen. Eftersom 10 personer gjorde förtestet och lika många gjorde eftertestet, så skulle en utjämnad fördelning mellan förtest och eftertest motsvara $40\% \cdot 10 = 4$ i respektive ruta i nedre delen av figur 15.11. Det betyder att nollhypotesen översatt till geometrisk representationsform motsvarar att rutorna med 7 och 1 i den övre delen av figur 15.11 ska vara ungefär lika stora som rutorna med 4 i den nedre delen av figur 15.11. Så är uppenbarligen inte fallet, men frågan är om avvikelsen är stor nog att statistiskt räknas som ovanlig.

7		3
1	9	

4	6
4	6

Figur 15.11. Figurer med fördelning av originaldata (övre) och utjämnade data (nedre).

För att kunna räkna på nollhypotesen så behöver den formuleras numeriskt och detta har gett metoden namnet chi-kvadrat, nämligen att beräkna kvadraten på skillnaden mellan de övre och nedre delrutorna i figurerna 15.11. En ofta använd fackterm i stokastik för skillnaden mellan observerad frekvens och modellerat värde kallas *residual* med betydelsenf återstod.

Ofta är residualerna kvadrerade och summerade och kallas då residualkvadratsumma, vilket i statistikprogram ofta förkortas till Ssq (eng. sum of squares) eller Rss (eng. residual sum of squares). Exempel 15.12 redovisar beräkningar av residualer samt att normera dessa kvadratavvikelser till en standardiserad fördelning genom att dividera med de utjämnade värdena i nedre delen av figur 15.11.

Nästa steg är att beräkna teststorheten, som är kvoten residualkvadratsumma dividerad med antalet frihetsgrader. För data i tabell 15.7 blir teststorheten 7,5. Det sista steget är att beräkna vilken signifikansnivå som teststorheten motsvarar. Approximativt är teststorheten i chi2-metoden χ^2-fördelad och eftersom denna funktion har ett krångligt uttryck, så beräknas det lämpligen med något digitalt verktyg som i figur 15.8 eller exempel 15.12 där värdet $sant$ ger den kumulativa fördelningen.

Exempel 15.12. Residualer per resultatnivå före och efter intervention.

Elever som vid förtest hade högst 7 poäng:

Före: $(7-4)^2/4 = 2{,}25$

Efter: $(1-4)^2/4 = 2{,}25$

Elever som vid förtest hade minst 8 poäng:

Före: $(3-6)^2/6 = 1{,}5$

Efter: $(9-6)^2/6 = 1{,}5$

Residualkvadratsumma:

$$Rss = 2{,}25 + 2{,}25 + 1{,}5 + 1{,}5 = 7{,}5$$

Teststorhet:

$$\frac{Rss}{frihetsgrader} = \frac{7{,}5}{1} = 7{,}5$$

χ^2–värde:

$$1 - \chi^2(7{,}5;1) \approx 0{,}006 < 0{,}05$$

Syntax i kalkylblad:

$$= 1 - CHI2.FÖRD(testvärde; frihetsgrad; sant)$$

Exempel 15.12 ger χ^2–värdet $0{,}006$ som är mindre än signifikansnivån $0{,}05$ och därför blir slutsatsen av allt detta räknearbete att elevernas ökade prestationer efter interventionen är statistiskt signifikant. Det betyder att förändringen är så stor att den rimligen inte beror på slumpen. Med andra ord blir slutsatsen att förkasta nollhypotesen.

En snart historisk not är att i slutet av många böcker i statistik finns ett antal tabeller över bland annat χ^2-fördelningen. I dessa tabeller slår man upp det värde som bäst motsvarar aktuell frihetsgrad och signifikansnivå för fördelningen och kan se att $\chi^2(signifikansnivå = 0{,}05; frihetsgrad = 1) \approx 3{,}84$ alternativt letar reda på att $\chi^2(0{,}01; 1) \approx 6{,}6 < 7{,}5$ men att $7{,}5 < \chi^2(0{,}001; 1) \approx 10{,}8$ och att resultatet därför är signifikant på nivån 0,01 men inte på nivån 0,001.

Fishers exakta test istället för chi2

Frekvenserna i en kontingenstabell för chi2-metoden bör vara lägst 5 i minst 80% av rutorna. Om det inte går att uppfylla detta villkor efter att ha aggregerat kontingenstabellen till färre rader och kolumner, så är Fishers exakta metod ett alternativ till chi2-metoden. Fishers exakta metod formulerar om chi2-metoden till en hypergeometrisk fördelning genom att betrakta utfallet som dragning utan återläggning i två stickprov av på förhand bestämd storlek. Bokstavsvärdena i tabell 15.13 får exemplifiera beräkningarna.

Tabell 15.13. En kontingenstabell.

Nivågruppering	Stickprov 1	Stickprov 2	Summa
Svar "ja"	A	B	A+B
Svar "nej"	C	D	C+D
Summa	A+C	B+D	A+B+C+D=n

Enligt multiplikationsprincipen går det att plocka A stycken ja-svar bland totalt $A + B$ stycken ja-svar på $\binom{A+B}{A}$ olika sätt. På motsvarande sätt går det att plocka C stycken nej-svar bland totalt $C + D$ stycken nej-svar på $\binom{C+D}{C}$ olika sätt. Samtidigt går det att plocka stickprov 1 bland totalt n enkätsvar på $\binom{n}{A+C}$ olika sätt. Sannolikheten för denna händelse blir därför $p = \binom{A+B}{A}\binom{C+D}{C}/\binom{n}{A+C}$ och detta kan förenklas till uttrycket $p = \frac{(A+B)!(C+D)!(A+C)!(B+D)!}{A!B!C!D!n!}$. I kalkylblad är det smidigast att beräkna varje del för sig. För beräkningen $\binom{A+B}{A}$ är syntaxen i kalkylblad $=$ $KOMBIN(A+B;A)$.

Undvik Yates korrektion

För frekvenserna i tabell 15.7 blir sannolikheten för denna händelse $p = 0{,}0095$ vilket är något högre än χ^2-fördelningen som gav $0{,}006$. I allmänhet gäller att approximation med χ^2-fördelning av testvärdet ger ett något för optimistiskt värde på signifikansnivån, alltså en något förhöjd risk att felaktigt förkasta nollhypotesen.

Det finns ett tredje sätt att beräkna signifikansnivån på och det är med Yates korrektion, som finns med i en del statistisk programvara. Yates korrektion innebär att i Exempel 15.12 byta ut $(7-4)^2/4$ mot $(|7-4|-0{,}5)^2/4 = 6{,}25$ och göra motsvarande förändring i hela kontingenstabellen (Hitchcock, 2009).

Med Yates korrektion att subtrahera 0,5 från absolutbeloppet av differensen innan kvadreringen blir signifikansnivån 0,022 som är större än både Fishers exakta metod och chi2-metoden i original. Yates korrektion ökar därför risken att felaktigt inte förkasta nollhypotesen och därför bör den undvikas. Hitchcock (2009) rekommenderar därför att i första hand aggregera rader och kolumner för att få minst frekvensen 5 i varje ruta i kontingenstabellen och sedan använda chi2-metoden i original. I andra hand, använd Fishers exakta test.

T-test

Det är av intresse att få reda på om interventionen enligt tabell 15.6 verkligen höjde medelvärdet på deltagarnas testresultat. Det finns två skäl till att normalfördelningen förefaller vara idealisk för att göra hypotesprövning med hjälp av konfidensintervall som i figur 15.2. För det första fungerar den som approximation till flera andra fördelningar. För det andra ger centrala gränsvärdessatsen att det går att summera stokastiska variabler även om de inte är normalfördelade och skala om summan så att den blir normalfördelad med väntevärde $m = 0$ och standardavvikelse $s = 1$.

Det andra skälet kräver dock att standardavvikelsen är känd på förhand, vilket sällan är fallet och därför krävs en annan fördelning med namnet t-fördelning. Figur 15.14 visar att t-fördelningen skiljer sig från normalfördelningens utseende genom att områdena långt från mitten har något högre värden, vilket på statistikspråk kallas att ha tjockare svansar, alltså att extrema värden är något vanligare.

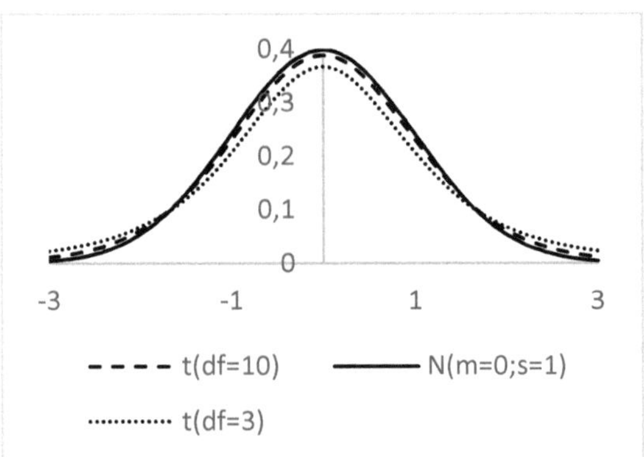

Figur 15.14. Graf för normalfördelningen och t-fördelningen med olika frihetsgrader.

En vanlig användning av t-fördelningen är att jämföra medelvärden. Eftersom t-fördelningen har ett algebraiskt uttryck som är svårt att räkna på för hand, så är det enklast att använda något digitalt verktyg för detta och det är mycket smidigt att göra ett t-test i såväl Geogebra som kalkylblad. En kort jämförelse mellan dessa är att indata till Geogebra är beräknade medelvärden och standardavvikelser samt vald konfidensnivå medan utdata är ett konfidensintervall. Indata till kalkylblad är endast rådata och det svarar med en beräknad signifikansnivå.

t-test i kalkylblad

T-testet i kalkylblad fungerar på följande sätt. I kalkylblad är arbetsgången att som dataområden mata in kolumnerna *före* och *efter* från tabell 15.6. Kalkylbladet beräknar en signifikansnivå och syntaxen för t-testet i kalkylbladet Excel är:

$$= T.TEST(område1; område2; sidor; typ)$$

Data är inte alltid parvisa. Om undersökningen istället handlar om att jämförelsen två olika elevgrupper, så är data inte parvisa. Detta är även fallet om minst en elev avbryter sitt deltagande eller tillkommer från förtest till eftertest i tabell 15.6 och då behöver inte heller kolumnerna ha lika många datarader. Med andra ord kan *område1* och *område2* i kalkylbladet ha olika längd. När data inte är parvisa och det finns skäl att anta att de inte har samma standardavvikelse, så ska *typ* ha värdet 3. Detta val ger ett något större konfidensintervall. Om villkoren för förtest och eftertest är olika, så kan det finnas skäl att anta att standardavvikelsen blir olika.

t-test i geogebra

I Geogebra fungerar t-testet på följande sätt. I Geogebra, klicka på ikonen med de tre vågräta strecken uppe till höger i figur 15.8.

T-väntevärde på medelvärdet

Konfidensnivå 0.95

Urval

Medel 3.7

s 0.48

N 10

Resultat

T-väntevärde på medelvärdet

Medel	3.7
s	0.48
SE	0.1518
N	10
df	9
Undre gräns	3.3566
Övre gräns	4.0434
Intervall	3.7 ± 0.3434

Figur 15.15. T-test i Geogebra för parvisa data.

I denna meny, klicka på ikonen *perspektiv* och välj sedan verktyget *statistik* och därefter *T-väntevärde på medelvärdet*. Välj konfidensnivå ($= 1 - signifikansnivå$) och fyll i medelvärde, standardavvikelse och antal datarader *N* från kolumnen *differens* i tabell 15.6. Geogebra svarar med ett konfidensintervall motsvarande vald konfidensnivå enligt figur 15.15. Eftersom noll ligger utanför konfidensintervallet i figur 15.15, så blir resultatet att förkasta nollhypotesen på signifikansnivån 0,05 $(= 1 - konfidensnivå)$. Knappen "pooled" i Geogebra används om standardavvikelserna är ungefär lika stora, annars lämna den omarkerad.

Regression

T-testet kan besvara frågan om interventionsgruppens medelvärde förändrades. För att undersöka förändringar på individnivå behövs andra metoder. I interventionsstudien i tabell 15.6 är det intressant att fråga sig om elever på olika prestationsnivåer förbättrar sina resultat ungefär lika mycket. Detta går att undersöka med en regressionslinje, vars lutning berättar hur stor effekt interventionen har.

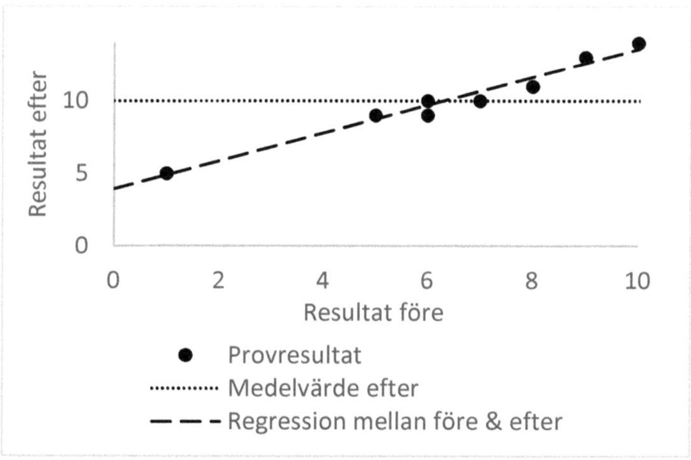

Figur 15.16a. Modellering av dataserien i tabell 15.6.

Exempel 15.16b. Regression i kalkylblad.

Syntaxen för att i kalkylblad beräkna regressionslinjen $y = kx + m$ med lutning k och skärning m är följande.

$= LUTNING(kända\_y;\ kända\_x)$

$= SKÄRNINGSPUNKT(kända\_y;\ kända\_x)$

Områdena $kända\_y$ och $kända\_x$ i kalkylbladet motsvarar rådata i tabell 15.6.

För interventionsstudien i tabell 15.6 blir regressionslinjen som den sneda linjen i spridningsdiagrammet i figur 15.16a och den har ekvationen $y = 0{,}96 \cdot Före + 3{,}94$. Den vågräta linjen motsvarar medelvärdet av resultatet efter. Notera att i figur 15.16a syns bara åtta datapunkter eftersom de två elevparen B och C samt E och F i tabell 15.6 har samma koordinater. Notera även att data i figur 15.16a har ordningsnivå, men att det passar lika bra för kategorinivå och måttnivå.

En relevant fråga att ställa sig är: Ändras avståndet mellan lågpresterande och högpresterande under interventionen? I figur 15.16a motsvarar detta att undersöka hur mycket regressionslinjen lutar. Om regressionslinjen lutar brant, exempelvis lutning $k = 2$ så ökar avståndet medan om den är någorlunda horisontell, exempelvis lutning $k = 0{,}3$ så minskar avståndet. Det är förstås så att detta också är en effekt av hur förtest och eftertest utformas.

Om testet prövar grundläggande kunskaper så kanske interventionen ändrar resultatet från att hälften klarar förtestet till att alla klarar eftertestet och då minskar variansen genom att de lågpresterande tydligt ökar sina resultat.

Om testet istället prövar avancerade kunskaper, så kan resultatet istället bli att nästan ingen klarar förtestet medan hälften klarar eftertestet och då ser det ut som att interventionen istället ökar spridningen i kunskap.

Korrelation

Det är relevant att ställa sig frågan om hur starkt (tydligt) ett regressionssamband är. Denna fråga besvaras genom att beräkna en korrelationskoefficient. Det finns flera olika korrelationskoefficienter och en sådan är Pearsonkorrelationen vars fullständiga namn är Pearsons produktmomentkorrelationskoefficient. I statistiska sammanhang betecknas den vanligen med bokstaven r. I kalkylblad beräknas denna med anropet $= PEARSON(område1; område2)$ där områdena är x-koordinater och y-koordinater i data.

För figur 15.16a blir Pearsonkorrelationen $r = 0{,}98$. Pearsonkorrelationen har värden i intervallet $-1 \leq r \leq 1$. En tolkning är att $r^2 = andel\ av\ variansen\ i\ y\ som\ beror\ av\ x$. I klartext betyder detta att värden nära 1 och -1 motsvarar att regressionslinjen ligger nära datapunkterna. Tecknet på r berättar om linjen lutar uppåt eller nedåt, men säger inget om hur mycket linjen lutar medan $r \approx 0$ betyder att det i varje fall inte finns ett linjärt samband eller att interventionen inte verkar ha någon effekt på det som förtestet och eftertestet mäter. Detta kan i sin tur betyda antingen att testen har låg validitet för vad interventionen handlar om eller att interventionen faktiskt inte har mer än slumpmässig effekt på det som mäts.

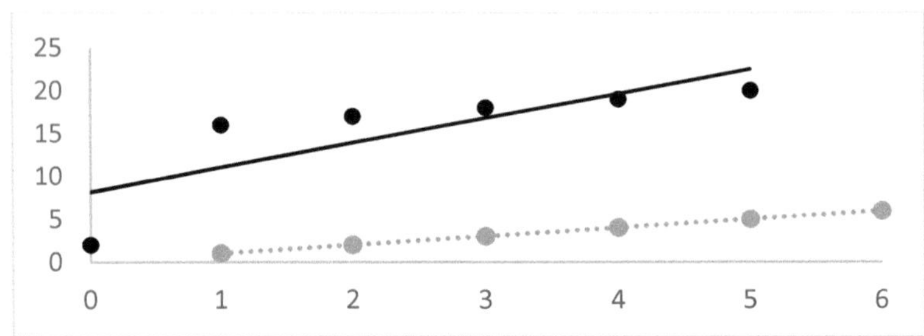

Figur 15.17a. Rät linje anpassad till data.

Tabell 15.17b. Data med tröskeleffekt.

x	y	rang(x)	rang(y)
0	2	1	1
1	16	2	2
2	17	3	3
3	18	4	4
4	19	5	5
5	20	6	6

En annan möjlighet är att man inte intresserar sig för om effekten är linjär utan istället om effekten ökar med förändringen. Så kan vara fallet med tröskeleffekten för de svarta punkterna i figur 15.17a men där en rät linje ger dålig anpassning till data. Tröskeleffekt betyder att även en liten förändring ger stor effekt men att ytterligare förändringar kanske bara ger små ytterligare effekter. De grå punkterna visar dock att rangordningen är linjär och anpassningen därför god. En korrelationskoefficient som mäter detta är Spearmans korrelationskoefficient för data på ordningsnivå. Idén är att sortera data i storleksordning och sedan beräkna Pearson-korrelationen på rangordnade data. För data i tabell 15.17b blir Pearson-korrelationen $r = 0{,}8$ för x och y. Då y hela tiden ökar med x, så ökar de rangordnade data linjärt och därför blir Spearman-korrelationen $r_s = 1$.

Variansanalys av en intervention

Efter att ha undersökt korrelationen så är det dags att återvända till att undersöka hur avståndet mellan lågpresterande och högpresterande ändrades under interventionen. Ett sätt att undersöka detta är att jämföra hur variansen före och efter interventionen ser ut. Enligt definition är variansen summan av kvadratavvikelserna runt medelvärdet delat med frihetsgraderna. Detta beräknas i kalkylblad med anropet $VAR.S(område)$. För data i tabell 15.6 blir $Varians_{före} \approx 6{,}23$ och $Varians_{efter} = 6$ där de identiska datapunkterna B och C förstås räknas var sin gång och detta gäller även E och F. Variansen minskar från förtest till eftertest, men frågan är: Är minskningen stor nog för att vara signifikant?

Medan summor av varianser är χ^2-fördelade, så är kvoter av varianser F-fördelade, en fördelning som har fått sitt namn efter Fisher. Kvoten $Q = Varians_{före}/Varians_{efter} \approx 1{,}04$ är F-fördelad som $F(df_{före}; df_{efter})$ där $df_{före} = df_{efter} = 10 - 1 = 9$ eftersom det i båda fallen är 10 datapunkter och en skattad parameter i form av medelvärde. Figur 15.18a visar grafen för $F(9; 9)$ och illustrerar att för konfidensnivån 0,95 krävs $Q > 3{,}2$. Det betyder att interventionen inte minskar skillnaderna signifikant och detta kunde man också ana genom att regressionslinjens lutning i figur 15.16 är 0,96 vilket just motsvarar endast en liten minskning i skillnad mellan lågpresterande och högpresterande.

Exempel 15.18. F-test i kalkylblad.

Syntaxen för att beräkna konfidensnivån med kalkylbladet Excel är:

$= F.FÖRD(Q; df_{före}; df_{efter}; SANT)$

där $SANT$ ger fördelningsfunktionen (kumulativt) och $FALSKT$ ger frekvensfunktionen.

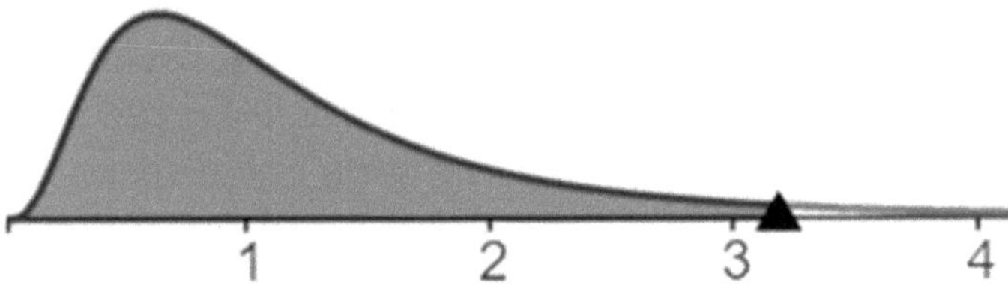

Figur 15.18a. Fördelningen $F(9; 9)$ skuggad upp till konfidensnivån 0,95.

Variansanalys av modeller

En annan typ av variansanalys är att undersöka interventionens effekt på individer och matematiskt motsvarar det att undersöka om den lutande linjen i figur 15.16a ger lägre residualkvadratsummor än den vågräta medelvärdeslinjen om man tar hänsyn till antalet frihetsgrader. Det behövs ju två parametrar för att beskriva en linje medan medelvärde bara behöver medelvärdet själv.

För datapunkten A i tabell 15.6 beräknar tabell 15.19 residualen till medelvärdet $1 - medelvärde = -5$ och dess residualkvadrat blir 25. Övriga residualkvadrater i kvadratsummorna Rss_1 och Rss_2 beräknas på motsvarande sätt. Frihetsgrader är antal datapunkter minus antalet parametrar i modellen.

Tabell 15.19. Residualer för figur 15.16a.

Elever	Residualer	
	$Efter - medel$	$Efter - linje$
A	-5	0,1
B	-1	0,3
C	-1	0,3
B1D	-1	-0,7
E	0	0,3
F	0	0,3
G	0	-0,7
H	1	-0,6
I	3	0,4
J	4	0,4
Kvadratsummor	$Rss_1 = 54$	$Rss_2 = 2{,}03$
Frihetsgrader	$df_1 = 9$	$df_2 = 8$

För modellen medelvärde finns endast parametern medelvärde och dess frihetsgrader blir då $df_1 = 10 - 1 = 9$ medan den linjära modellen har en parameter $k = lutning$ och en annan $m = skärning$ och därför blir dess frihetsgrad $df_2 = 10 - 2 = 8$.

Teststorhet är kvoten $Q = \left(\frac{Rss_1 - Rss_2}{df_1 - d_2}\right) / \left(\frac{Rss_2}{df_2}\right)$, som är F-fördelad med $F(df_1 - df_2; df_2)$. För tabell 15.19 blir $Q \approx 205$ och $F(df_1 - df_2; df2) \approx$ 5,3 för konfidensnivå 0,95. Eftersom $Q >$ 5,3 betyder detta att den linjära modellen i figur 15.16a statistiskt signifikant minskar variansen jämfört med medelvärdesmodellen, alltså att vi på konfidensnivån 0,95 kan förkasta nollhypotesen om att medelvärdesmodellen beskriver data lika bra om den linjära modellen. I klartext betyder det att interventionen har haft effekt på individers testresultat.

Rangkorrelation

Idén bakom rangsummor är att sortera data i storleksordning och ge poäng för i vilken ordning data kommer istället för vilket värde de har. Metodens idé är att statistiskt jämföra rangsummor för två grupper och figur 15.20 visar hur dessa beräkningar ser ut i kalkylblad. Denna metod har olika namn. Ett är Mann-Whitney U-test och ett annat är Wilcoxon rank-sum test.

	A	B	C	D	E	F	G
1	grupp	poäng	rang			Beräkningar	
2	före	1	1		före	69	=SUMMA.OM(A$2:A$21;E2;C$2:C$21)
3	före	5	3		efter	141	=SUMMA.OM(A$2:A$21;E3;C$2:C$21)
4	före	5	3		summa	210	=SUMMA(F2:F3)
5	före	6	6				
6	före	6	6		före	10	=ANTAL.OM(A$2:A$21;E6)
7	före	6	6		efter	10	=ANTAL.OM(A$2:A$21;E7)
8	före	7	8		summa	20	=SUMMA(F6:F7)
9	före	8	9		m0=	105	=F7*(F8+1)/2
10	före	9	11,5		st.avv=	13,2288	=ROT(F6*F9/6)
11	före	10	15,5		testvärde=	2,72134	=(F3-F9)/F10
12	efter	5	3		konf.nivå=	0,99675	=NORM.S.FÖRD(F11;SANT)
13	efter	9	11,5		sign.nivå=	0,00325	
14	efter	9	11,5				
15	efter	9	11,5	=RANG.MED(B15;B$2:B$21;1)			
16	efter	10	15,5				
17	efter	10	15,5				
18	efter	10	15,5				
19	efter	11	18				
20	efter	13	19				
21	efter	14	20				

Figur 15.20. Rangkorrelation för tabell 15.6 beräknat i kalkylblad.

Rangkorrelation kräver data har ordningsnivå eller måttnivå så att datavärdena går att sortera i rangordning. Det betyder att metoden inte fungerar på kategorinivå. Däremot behöver det inta vara lika många i varje grupp i kolumn A. För att beräkna rangkorrelation för ett annat antal datavärden räcker det att i kalkylbladet i figur 15.20 justera radnummer i de formler som har A$21, B$21 och C$21 i sig.

Matematiken bakom rangkorrelation är följande: Kolumn A anger om poängen i kolumn B hör till förtest eller eftertest. Kolumn C beräknar rangsumman av poängen genom att ge rangplacering 1 till den med lägst provpoäng och rangplacering n för den med flest provpoäng. I figur 15.20 är $n = 20$. Om flera personer har samma provpoäng, så får dessa personer medelvärdet av sin rangplacering. Exempelvis har fyra personer 9 poäng och dessa delar på placeringarna 10–13 som har medelplaceringen $(10 + 11 + 12 + 13)/4 = 11{,}5$. Alla dessa sorteringar och beräkningar sköts i kolumn C och ruta D15 visar kalkylbladsformeln för ruta C15.

Beräkningarna i kolumn F visas med formler i kolumn G. Rutorna F2 och F3 beräknar rangsumman av poängen för respektive grupp och rutorna F6 och F7 räknar antalet personer i respektive grupp. Eftersom den aritmetiska summan $\sum_{k=1}^{20} k = 210$ så blir nollhypotesen att rangsumman av poängen för de två grupperna fördelar sig lika med $m0 = 105$ i ruta F9. Ruta F10 beräknar standardavvikelsen och ruta F11 beräknar det normalfördelade testvärdet. Den grå rutan anger konfidensnivån för hypotesprövningen. För exemplet i figur 15.20 är signifikansnivån $1 - konfidensnivån \approx 0{,}03$.

Effektstorlek

Ibland kan stora talens lag spela ett spratt genom att små skillnader blir statistiskt signifikanta vid stora undersökningar och figur 15.22a ger ett simulerat exempel på det. Det går även att ibland se skillnader mellan pojkars och flickors resultat på enskilda provuppgifter vid nationella prov att och statistiskt konstatera att dessa skillnader är statistiskt signifikanta. Det blir aktuellt att ställa sig följande fråga: Är små men statistiskt signifikanta skillnader relevanta?

Ett statistiskt sätt att avgöra detta är begreppet effektstorlek. Det finns flera olika sätt att mäta effektstorlek och de passar för olika datanivåer och olika typer av tester. Pearsonkorrelationen är ett exempel på effektstorlek för korrelationer. Den svenska statistikern Harald Cramér har gett namn åt formeln för Cramérs V som fungerar för chi2-metoden även när det bara finns en kolumn.

Översikt 15.21. Effektstorlek genom Cramérs V.

$$Cram\acute{e}rs\ V = \sqrt{\frac{\chi^2}{n \cdot (m-1)}}$$

$n =$ totalt antal observationer

$m = \min(rader > 1, kolumner > 1)$

$m = rader$ om $kolumner = 1$

Tumregel:

Effektstorlek är liten om $Cram\acute{e}rs\ V < 0{,}1$, men stor om $V > 0{,}5$. Däremellan är den måttlig.

Figur 15.22a visar ett räkneexempel på liten effektstorlek för små men statistiskt signifikanta skillnader. Här har det simulerade slumpförsöket fyra möjliga utfall, alltså 3 frihetsgrader, där förväntan är att alla dessa utfall är lika sannolika. I ett simulerat resultat med 40 observationer blev utfallet som i kolumn B i kalkylbladet i figur 15.22a och ett chi2-test visade ingen statistiskt signifikant skillnad då signifikansnivån blev $0{,}98 > 0{,}05$ enligt ruta C8. Däremot visar ruta H8 att resultatet blev signifikant på nivån 0,022 när samma resultat skalas upp med en faktor 50. Statistiska mått för effektstorlek är konstruerade för att inte ta hänsyn till storleken på undersökningen och cellerna C10 och H10 figur 15.22a visar att Cramérs V får samma värde för både den lilla och den stora undersökningen.

	A	B	C	D	E	F	G	H	I
1	Utfall	Obs.	Förväntat	Rsq			Obs.	Förväntat	Rsq
2	A	10	10	0			500	500	0
3	B	10	10	0			500	500	0
4	C	9	10	0,1	=(B4-C4)^2/C4		450	500	5
5	D	11	10	0,1			550	500	5
6	Summa	40		0,2	=SUMMA(D2:D5)		2000		10
7									
8		p=	0,9776	=CHI2.TEST(B2:B5;C2:C5)			p=	0,0186	
9		1-p=	0,0224	=CHI2.FÖRD(D6;3;SANT)			1-p=	0,9814	
10		Cramérs V=	0,041	=ROT(D6/B6/3)			Cramérs V=	0,041	

Figur 15.22a. Små men statistiskt signifikanta skillnader vid stora stickprov

Ruta D6 i figur 15.22a visar att summan av residualkvadraterna (Rsq) är 0,2 och det lilla skuggade området till vänster i figur 15.22b visar vad den motsvarande kumulativa sannolikheten 0,022 i cell C9 motsvarar. För det uppskalade försöket sträcker sig det skuggade området fram till 10 på x-axeln, vilket motsvarar konfidensnivån 0,98, alltså 98% av arean under kurvan.

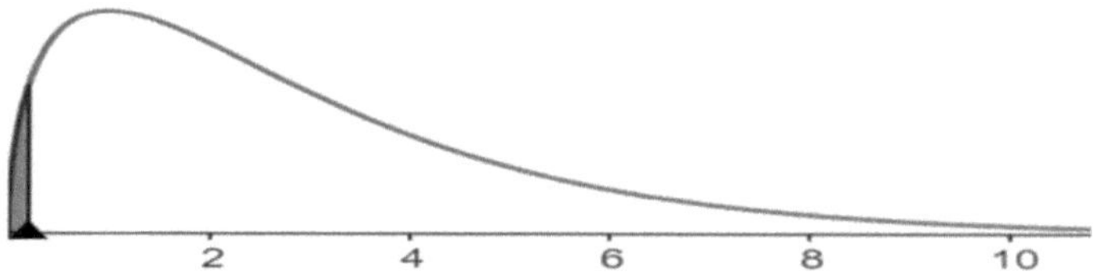

Figur 15.22b. Chi2-fördelningen för 3 frihetsgrader.

Inferens och datanivå

Det är viktigt att vara medveten vilka statistiska metoder som fungerar för den datanivå som insamlade data har. Samtidigt finns det en viss flexibilitet i valet av metoder. Det är alltid möjligt att aggregera från måttnivå till ordningsnivå och vidare till kategorinivå och därmed använda exempelvis chi2-metoden utformad för kategoridata eller rangkorrelation utformad för ordningsnivåför sina data som ursprungligen var på måttnivå innan de aggregerades.

I någon mening är det omvända möjligt när det gäller att hantera data på ordningsnivåmed metoder för måttnivå. Det gäller främst Likertskalor om attityd, som är på ordningsnivå ofta kodat med siffror så att utfallsrummet blir $\{ogillar = 1; ogillar\ lite = 2; gillar\ lite = 3;\quad gillar = 4\}$. Däremot behandlas data slentrianmässigt som om de vore på måttnivå genom att i statistiska undersökningar beräkna medelvärde och standardavvikelse på ordningsdata. Här uppstod en debatt om vilken datanivå likertskalor hör till. Den ena sidan stöder sig på likertskalans utformning för det enskilda fallet, som är ordningsnivå och på denna sida står Jamieson (2004). Den andra sidan stöder sig på stora talens lag och Norman (2010) står som representant för denna sida. Mitt emellan dem finns Soland (2017), som stödjer sig på begreppet robusthet.

Jamiesons (2004) statistiskt grundade argument är följande: Att betrakta data som om de har måttnivå förutsätter att data kan approximeras med en normalfördelning. Jamiesons idé är att behandla data som måttnivå endast om man kan visa att de motsvarar en normalfördelning. Annars ska man behandla data som om de vore ordningsdata.

Även Norman (2010) använder statistiska argument, som går ungefär så här. En sexsidig tärning har ett likformigt fördelat utfallsrum $\{1; 2; 3; 4; 5; 6\}$, men om vi däremot undersöker dess medelvärde, så finner vi att det är normalfördelat runt 3,5. Samma gäller för likertskalor, nämligen att statistikern inte är intresserad av den bakomliggande fördelningen för svarsalternativen som sådana utan istället av medelvärdets stabilitet. Soland (2017) visar med räkneexempel att lägesmått för ordningsnivå är tämligen robusta när de används för data på likertskala, men att lägesmått för måttnivå i en del fall kan vara mycket känsliga för dels mätfel och dels vid jämförelse av förändringar över tid.

Konfidensintervall genom fördelningsfunktioner

För data på måttnivå är det möjligt att beräkna medelvärde. Om data kan beskrivas med en frekvensfunktion som är symmetrisk runt ett medelvärde m, så blir konfidensintervallet $[m - a; m + a]$ och motsvarar att lösa ekvationen $konfidensnivå = F(m + a) - F(m - a)$ där $F(x)$ är den kumulativa fördelningsfunktionen. Detta gäller ibland även på ordningsnivå. Denna typ av konfidensintervall kallas för tvåsidiga och fördelningsfunktionen är ofta normalfördelning och t-fördelning. Om den statistiska undersökningen handlar om att jämföra två medelvärden, så är en typisk nollhypotes att noll ligger i konfidensintervallet för differensen mellan medelvärdena.

För data med kategorinivå är det inte möjligt att beräkna något medelvärde. Istället för ett konfidensintervall med samma enhet som data själv så blir det ett konfidensintervall för differensen mellan fördelningarnas utseende. För fördelningarna binomial och hypergeometrisk kan differenser mellan två sannolikheter hanteras med samma metoder som ett symmetriskt tvåsidigt konfidensintervall fast för sannolikheten och inte för data. Ett annat sätt att mäta skillnader mellan fördelningar är varians genom residualkvadratsummor. Det handlar då om variansen är liten eller stor och då blir testen alltid ensidiga, till skillnad från test av medelvärden där testen vanligen är tvåsidiga. Att testa varianser beskrivs med de sneda fördelningarna chi2 och F. Typfallet är då att söka ett ensidigt konfidensintervall $[0; a]$ som i figur 15.22b och detta motsvarar att lösa ekvationen $konfidensnivå = F(a)$ där $F(0) = 0$.

Fördelningarna t, chi2 och F i tabell 15.23 är svåra att härleda, men att känna till deras algebraiska utseende ger en viss förståelse av deras grafiska form. För $f = 1$ är t-fördelningen en Cauchyfördelning vars kumulativa fördelningsfunktion är en arcustangensfunktion. Chi2-fördelningen är ett specialfall av gamma-fördelningen med $k = f/2$ och $b = 2$. Parametrarna f, f_1 och f_2 motsvarar antalet frihetsgrader i fördelningarna t, chi2 och F. För fördelningarna chi2 och F är frihetsgraderna även formparametrar. Det betyder att dessa fördelningar förändrar sin skevhet och sitt medelvärde med antalet frihetsgrader och figur 15.24 illustrerar detta. F-fördelningen har en sned form liknande chi2-fördelningen men här beror formen både på f_1 och f_2.

Tabell 15.23. Några fördelningars formler.

t-fördelningen:

$$t(x; f) = konstant \cdot \left(1 + \frac{x^2}{f}\right)^{-(f+1)/2}$$

Cauchyfördelningen = $t(x; 1)$

$$C(x; f) = konstant \cdot \left(1 + \frac{x^2}{f}\right)^{-1}$$

Gamma-fördelningen

$$\Gamma(x; k; b) = konstant \cdot x^{(k-1)} e^{-x/b}$$

χ^2- fördelningen = $\Gamma\left(x; \frac{f}{2}; 2\right)$

$$\chi^2(x; f) = konstant \cdot x^{(f/2-1)} e^{-x/2}$$

F-fördelningen

$$F(x; f_1; f_2) = \frac{konstant}{x} \cdot \sqrt{\frac{(xf_1)^{f_1}}{(xf_1+f_2)^{(f_1+f_2)}}}$$

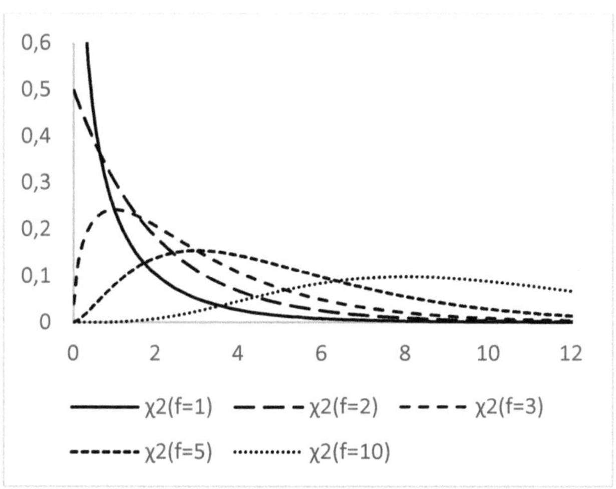

Figur 15.24. Grafer $\chi^2(x; f)$ för olika frihetsgrader.

Övningar

En del av övningarna görs lämpligen med digitala verktyg. Konsultera bokens olika kapitel vid behov.

Övningar kapitel 12

12.1 Välj ett tal och beräkna dess talföljd för Collatz förmodan ($3n + 1$-problemet).

12.2 Födelsedagsproblemet: Vad är sannolikheten att två elever i en klass på 25 elever har födelsedag samma dag?

Övningar kapitel 13

13.1 Konstruera diagrammen i figurerna 13.10a–b genom att skapa en tidsserie med 200 likformigt fördelade slumpheltal i intervallet $[0; 500]$ med ett datorprogram (kalkylblad eller annat) och sortera dem i storleksordning. Välj 50 som tidsintervall.

13.2 Använd tidsserien i övning 13.1 för att konstruera ett diagram som i figur 13.12a, som är frekvensen för differenserna $x_k - x_{k-1}$ för hela tidsserien. Värdet m i modellerad exponentialfördelning är medelvärdet av alla differenser.

13.3 Använd tidsserien i övning 13.1 för att konstruera ett diagram som i figur 13.15a, som är frekvensen för olika antalet personer per tidsintervall för hela tidsserien. Värdet m i modellerad poissonfördelning är medelvärdet av antalet personer för tidsintervallen.

13.4 Gör ett kvantil-kvantil-diagram för exponentialfördelningen i övning 13.2.

13.5 Vilka av kursplanens centrala innehåll för dina årskurser ingår i elevernas arbete med övningarna 13.1–4? (Motivera svaren).

Övningar kapitel 14

14.1 Härled exponentialfördelningens parameter m med hjälp av dess maximum likelihood-funktion $ML(m)$ för det generella fallet med n stycken observationer $x_1, x_2, \dots, x_n$.

14.2 Poissonfördelningen har ML-funktionen $ML(m) = \prod_{j=1}^{n} e^{-m}\, m^{k_j}/k_j!$. Följ stegen i härledningen av normalfördelningens parameter m för att härleda parameter m för Poissonfördelningen.

14.3 Visa att $E[a \cdot x + b] = a \cdot E[x] + b$ för både ordningsnivå och måttnivå. Bevisgången liknar det för satsen $E[x + y] = E[x] + E[y]$. För ordningsnivå är härledningen en summa och för måttnivå är härledningen en integral.

14.4 Bevisa sambandet $V[x] = E[x^2] - (E[x])^2$.

14.5 En variabel z kallas standardiserad om $E[z] = 0$ och $V[z] = 1$. Visa att för en stokastisk variabel med $E[x] = m$ och $V[x] = s^2$ ger variabelbytet $z = (x - m)/s$ att z blir standardiserad.

14.6 Använd kvadreringsregeln för att visa att det räcker att känna till $n, \sum x_k$ och $\sum x_k^2$ för att kunna beräkna variansen $s^2 = \frac{1}{n-1}\sum_{j=1}^{n}\left(x_j - m\right)^2$ och i datorprogram behöver man därför inte spara en lista med varje datavärde x_k för att kunna beräkna variansen. Det räcker att uppdatera summorna.

14.7 En del böcker i statistik använder sig av formeln $E[k^2] = E[k(k-1)] + E[k]$ i bevis av väntevärden för diskreta fördelningsfunktioner, alltså där k endast antar heltalsvärden. Bevisa denna formel.

14.8 Härled uttryck för väntevärde och varians för likformig fördelning för både ordningsnivå och måttnivå. För att härleda variansen är det smidigt att använda sig av sambandet $V[x] = E[x^2] - (E[x])^2$ samt att $\sum j^2 = n(n+1)(2n+1)/6$.

14.9 Härled uttryck för Poissonfördelningens väntevärde.

14.10 Jämför andel av övningarna som innehåller grafer eller diagram på kapitlen 13 och 14.

Övningar kapitel 15

15.1 Vilka värden på $0 \leq k \leq 10$ ger statistisk signifikans för denna kontingenstabell?

a) Med chi2-test?
b) Med Fishers exakta test?

Använd gärna kalkylblad för testerna.

	Före	Efter
Referensguppp	10	10
Experimentgrupp	$10+k$	$10-k$

15.2 Gör en t-test på skillnader i provpoäng före och efter intervention enligt tabell 15.6.

Betrakta skillnaderna i standardavvikelsen. Om de är stora bör du välja "två stickprov med olika varians" för t-testet.

15.3 Gör en t-test på längdskillnaderna mellan pojkar och flickor i övning 15.4.

Betrakta skillnaderna i standardavvikelsen. Om de är stora bör du välja "två stickprov med olika varians" för t-testet.

15.4 Gör rangkorrelation på längdskillnaderna mellan pojkar och flickor i tabellen med Mann-Whitney U-testet.

Tabellens kolumner redovisar klassen längder och poäng. Understa raden visar medelvärden av kolumnerna.

Pojkar		Flickor	
längd (cm)	Poäng	längd (cm)	Poäng
145	2	144	1
150	5	146	3
151	7	148	4
151	7	151	7
153	10	152	9
154	11		
158	12,5	158	12,5
159	14	164	17
161	15	167	18
163	16	168	19
154,5	9,95	155,3	10,06

15.5 Figuren redovisar mätningar från ett experiment om Hookes lag. Avläs så noga det är rimligt och bestäm Pearsonkorrelationen för dessa data.

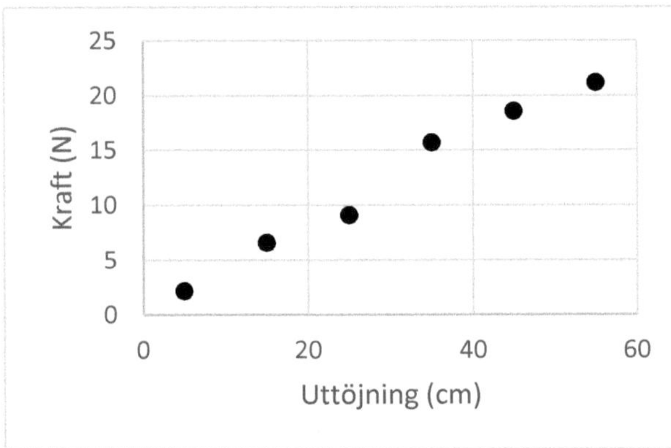

15.6 Gör ett F-test på data i övning 15.5 där du undersöker om en rät linje är en statistiskt signifikant bättre modell än medelvärdet av krafterna.

Formelsamling

Några definitioner

Väntevärde $E[X]$	
Diskret	$E[k] = \sum_k k \cdot p(k)$
Kontinuerligt	$E[x] = \int_{-\infty}^{\infty} x \cdot f(x)dx$
Varians $V[X]$ och	$V[X] = E[(X - E[X])^2]$
Standardavvikelse $D[X]$	$D[X] = \sqrt{V[X]}$

Några räkneregler

Väntevärde	$E[aX + b] = aE[X] + b$
Varians	$V[aX + b] = a^2V[X]$
	$V[X] = E[X^2] - (E[X])^2$
Standardavvikelse	$D[p_1 - p_2] = \sqrt{V[p_1] + V[p_2]}$

Parameterskattningar

Väntevärde för medelvärden	
Diskret	$E\left[\frac{k}{n}\right] = p$
Kontinuerligt	$E\left[\frac{\sum_{k=1}^{n} x_k}{n}\right] = m$
Varians hos medelvärde	$V\left[\frac{\sum_{k=1}^{n} x_k}{n}\right] = \frac{s^2}{n}$
Variansen för stickprovet skattas med	
	$s^2 = \frac{1}{n-1}\sum_{k=1}^{n}(x_k - m)^2$
Standardiserad variabel $z = \frac{x-m}{s/\sqrt{n}}$ har:	
	$E[z] = 0$ och $V[z] = 1$

Några två-sidiga konfidensintervall

- $felmarginal = konfidensnivåfaktor \cdot \sqrt{varians}$.
- Konfidensintervall för hela fördelningen har $varians = s^2$ medan konfidensintervall för väntevärdet (dvs. för medelvärdet) har $varians = s^2/n$.
- Huvudformel för konfidensintervall $I_m = m \pm felmarginal$.
- En standardiserad variabel $z = \frac{x-m}{s/\sqrt{n}} \in t(n-1)$, där $n-1$ är antalet frihetsgrader i t-fördelningen har konfidensintervallet $\left[m \pm \mathrm{t}_{a/2}(n-1) \cdot s/\sqrt{n}\right]$.
För normalfördelning; ersätt $\mathrm{t}_{a/2}$ med $\lambda_{a/2}$.
- Om $V[X] > 10$ för två hypergeometriska stokastiska variabler, så är konfidensintervall för skillnad i relativ frekvens:
$\left[(p_1 - p_2) \pm \lambda_{\frac{a}{2}} \cdot \sqrt{\frac{p_1(1-p_1)}{n_1} \cdot \frac{N_1-n_1}{N_1-1} + \frac{p_2(1-p_2)}{n_2} \cdot \frac{N_2-n_2}{N_2-1}}\right]$.
För binomialfördelningen; tag bort faktorn $\frac{N-n}{N-1}$.
Konfidensintervall för endast p_1; ignorera p_2.
- Konfidensintervall för skillnad mellan väntevärden för två t-fördelade variabler
$\left[(m_x - m_y) \pm t(n_x + n_y - 2)_{\alpha/2} \cdot s_p\sqrt{\frac{1}{n_x} + \frac{1}{n_y}}\right]$
där $s_p^2 = \frac{(n_x-1)s_x^2+(n_y-1)s_y^2}{n_x+n_y-2}$.

Hypotesprövning

- Formulera en nollhypotes H_0 och dess alternativhypotes H_a.
- Avgör vilken fördelning som beskriver situationen, och gör eventuella approximationer. För variabler på kategorinivå passar vanligen binomial eller hypergeometrisk. För variabler på måttnivå passar ofta normal (eventuellt approximerat till t-fördelning).
- Avgör om konfidensintervallet ska vara ensidigt eller tvåsidigt.
- Bestäm konfidensnivå a. (Signifikansnivå $= 1 - a$)
- Bestäm konfidensintervall.
  Exempel 1: Förkasta H_0 om 0 ligger utanför konfidensintervallet för $m_x - m_y$.
  Exempel 2: Förkasta inte H_0 om testvärde M ligger innanför konfidensintervallet för m.
- χ2-test: $\chi^2 = \sum_{i=1}^{r} \sum_{j=1}^{k} \frac{(X_{ij} - n_i \widehat{p_j})^2}{n_i \widehat{p_j}}$ är fördelat som $\chi_a^2\big((r-1)\cdot(k-1)\big)$ där $\widehat{p_{ij}} = \frac{X_{ij}}{\sum_{i=1}^{r}\sum_{j=1}^{k} X_{ij}}$ är skattade värden.
- För enradigt χ2-test ”goodness of fit”; summera över endast ett index. Det är fördelat som $\chi_a^2(r-1)$.
- Notera även att χ2-fördelningen endast har ensidiga intervall.

Några symmetriska fördelningar

Namn & formel	$E[X]$	$V[X]$
Likformig, kontinuerlig $f(x) = \begin{cases} \frac{1}{b-a} & för\ a \leq x \leq b \\ 0 & för\ övrigt \end{cases}$	$\frac{a+b}{2}$	$\frac{(b-a)^2}{12}$
Likformig, diskret $p(k) = \frac{1}{n}$ $1 \leq k \leq n$ där k är heltal	$\frac{n+1}{2}$ där $n =$ utfallsrummets storlek	$\frac{(n+1)(n-1)}{12}$
$Hyp(N, n, p)$ $p(k) = \frac{\binom{Np}{k}\binom{N(1-p)}{n-k}}{\binom{N}{n}}$ $0 \leq k \leq Np$ $0 \leq n - k \leq N(1-p)$	$n \cdot p$ $n =$ stickprovets storlek	$n \cdot p(1 - p)\frac{N-n}{N-1}$ $N =$ populationens storlek
$Bin(n, p)$ $p(k) = \binom{n}{k}p^k(1-p)^{n-k}$ $0 \leq k \leq n$	$n \cdot p$ $n =$ antal försök	$n \cdot p(1-p)$
$N(\mu, \sigma)$ $f(x) = \frac{1}{s\sqrt{2\pi}}e^{-\left(\frac{x-m}{2s^2}\right)^2}$	m	s^2

Några asymmetriska fördelningar

Namn	Formel	$E[X]$	$V[X]$
$ffg(p)$	$p(k) = p(1-p)^{k-1}$ $1 \leq k$	$\frac{1}{p}$	$\frac{1-p}{p^2}$
$Geo(p)$	$p(k) = p(1-p)^{k}$ $0 \leq k$	$\frac{1-p}{p}$	$\frac{1-p}{p^2}$
$Po(m)$	$p(k) = \mathrm{m}^{k}e^{-m}/k!$ $0 \leq k$	m	m
$Exp(b)$	$f(x) = \begin{cases} \frac{1}{m}e^{-x/m} & för\ 0 \leq x \\ 0 & för\ övrigt \end{cases}$	m	m^2

Anrop i kalkylblad

I anropen ger $SANT$ fördelningsfunktionen (kumulativ) och $FALSKT$ frekvensfunktionen.

$= BINOM.FÖRD(k; n; p; SANT)\ och$
$= BINOM.FÖRD.INTERVALL(n; p; k1; k2)$
$där\, k_1 = k_2\ ger\ frekvensfunktionen$

$= HYPGEOM.FÖRD(k; n; Np; N; SANT)$

$= POISSON.FÖRD(k; m; SANT)$

$= EXPON.FÖRD(x; 1/m; SANT)$

$= NORM.FÖRD(x; m; s; SANT)$

$= T.TEST(område1; område2; sidor; typ)$

$= F.FÖRD(Q; frihetsgrad_1; frihetsgrad_2; SANT)$

$= T.INV(konfidensnivå; frihetsgrad)$

$= CHISQ.INV(konfidensnivå; frihetsgrad) \Leftrightarrow$
$= CHISQ.INV.RT(signifikansnivå; frihetsgrad)$

Tabeller för fördelningarna χ^2 och t

Tabellerna visar x för den kumulativa fördelningsfunktionen $F(x) = 1 - a$ där $a =$ signifikansnivån och $df =$ frihetsgrader. $t(a, df) \rightarrow N(0; 1)$ då $df \rightarrow \infty$.

	$\chi^2(a, df)$-fördelning			$t(a, df)$-fördelning		
	$a =$ 0,05	0,01	0,001	0,025	0,005	0,0005
df	$1 - a =$ 0,95	0,99	0,999	0,975	0,995	0,9995
1	3,84	6,63	10,83	12,71	63,66	636,62
2	5,99	9,21	13,82	4,30	9,92	31,60
3	7,81	11,34	16,27	3,18	5,84	12,92
4	9,49	13,28	18,47	2,78	4,60	8,61
5	11,07	15,09	20,52	2,57	4,03	6,87
6	12,59	16,81	22,46	2,45	3,71	5,96
7	14,07	18,48	24,32	2,36	3,50	5,41
8	15,51	20,09	26,12	2,31	3,36	5,04
9	16,92	21,67	27,88	2,26	3,25	4,78
10	18,31	23,21	29,59	2,23	3,17	4,59
15	25,00	30,58	37,70	2,13	2,95	4,07
20	31,41	37,57	45,31	2,09	2,85	3,85
25	37,65	44,31	52,62	2,06	2,79	3,73
30	43,77	50,89	59,70	2,04	2,75	3,65
40	55,76	63,69	73,40	2,02	2,70	3,55
50	67,50	76,15	86,66	2,01	2,68	3,50
100	124,34	135,81	149,45	1,98	2,63	3,39
1000	1074,68	1106,97	1143,92	1,96	2,58	3,30
			$t(a, \infty)$ & $N(0; 1) \rightarrow$	1,96	2,58	3,29

Referenslista

När källorna för denna bok valdes, så prioriterades källor med öppen tillgång.

Adolfsson, C.-H. (2013). *Kunskapsfrågan: En läroplansteoretisk studie av den svenska gymnasieskolans reformer mellan 1960-talet och 2010-talet* (Doktorsavhandling, Linnéuniversitetet).

Ainley, J. (1996), Purposeful Contexts for Formal Notation in a Spreadsheet Environment, *Journal of Mathematical Behavior, 15*(4), 405-422.

Albarracín, L., Bergman Ärlebäck, J., Civil, E., & Gorgorió, N. (2019). Extending Modelling Activity Diagrams as a tool to characterise mathematical modelling processes. *The Montana Mathematics Enthusiast, 16*(1–2). DOI: https://doi.org/10.54870/1551-3440.1455

Alrø, H., Blomhøj, M., Bødtkjer, H., Skovsmose, O., Skånstrøm, M., (2000). Farlige små tal – almendannelse i et risikosamfund. *Nomad 8*(4)27–52.

Amir, G. S., & Williams, J. S. (1999). Cultural influences on children's probabilistic thinking. *The Journal of Mathematical Behavior, 18*(1), 85–107. doi:10.1016/S0732-3123(99)00018-8

Anderson, I., van Asch, B. & van Lint, J. (2004). Discrete mathematics in the high school curriculum. *Zentralblatt für Didaktik der Mathematik 36*(3), 105–116. doi: https://doi.org/10.1007/BF02652778

Andrews, P., & Sayers, J. (2015). Identifying opportunities for grade one children to acquire foundational number sense: developing a framework for cross cultural classroom analyses. *Early Childhood Education Journal, 43*(4)257–267.

Andrews, P., Sayers, J., & Marschall, G. (2015). Developing foundational number sense: Number line examples from Poland and Russia. In K. Krainer & N. Vondrová (Eds.), *Proceedings of the Ninth Congress of the European Society for Research in Mathematics Education* (pp. 1681-1687). Prague: Charles University in Prague, Faculty of Education and ERME. http://www.diva-portal.org/smash/get/diva2:905618/FULLTEXT01.pdf

Appelgren, A., Wallin, P., Jonsson, L., Melin, C., Petersson, J., & Strandberg, M. (2022). Läxor och likvärdiga förutsättningar för lärande: – lärares arbetssätt inför, under och efter läxan. *Skolforskningsinstitutet*; https://www.skolfi.se/forskningssammanstallningar/systematiska-forskningssammanstallningar/laxor-och-likvardiga-forutsattningar-for-larande/.

Bakker, A. (2003). The early history of average values and implications for education. *Journal of Statistics Education, 11*(1)

Bakker, A., & Gravemeijer, K. P. E. (2006). An historical phenomenology of mean and median. *Educational Studies in Mathematics, 62*(2), 149–168. doi:10.1007/s10649-006-7099-8

Bakker, A., & Hoffmann, M. H. G. (2005). Diagrammatic reasoning as the basis for developing concepts: A semiotic analysis of students' learning about statistical distribution. *Educational Studies in Mathematics, 60*(3), 333-358. doi: https://doi.org/10.1007/s10649-005-5536-8

Baroni-Urbani, C., & Buser, M. W. (1976). Similarity of binary data. *Systematic Zoology, 25*(3), 251–259.

Batanero, C., Tauber, L. M., & Sánchez, V. (2004). Students' reasoning about the normal distribution. I D. Ben-Zvi & J. Garfield (red.). *The challenge of developing statistical literacy, reasoning and thinking* (257–276). Springer, Dordrecht.

Beare, R. (1997). *Mathematics in action: modelling in the real world using mathematics*. Lund: Studentlitteratur.

Bergius, B. & Emanuelsson, L. (1997). *Nämnaren 2*, 22-25.

Bertin, J. (1967). *Sémiologie Graphique: Les diagrammes, les réseaux, les cartes*. [Grafisk semiologi: Diagram, nätverk, kartor]. Gauthier-Villars, Paris.

Bialystok, E., Martin, M. M., & Viswanathan, M. (2005). Bilingualism across the lifespan: The rise and fall of inhibitory control. *International Journal of Bilingualism, 9*(1), 103-119. doi:10.1177/13670069050090010701

Biggs, J. B., & Collis, K. F. (2014). *Evaluating the quality of learning: The SOLO taxonomy (Structure of the Observed Learning Outcome)*. Academic Press.

Blom, G., Enger, J., Englund, G., Grandell, J. & Holst, L. (2005). *Sannolikhetsteori och statistikteori med tillämpningar*. (5. uppl.) Lund: Studentlitteratur.

Blomberg, P., Högström, P., & Liljekvist, Y. (2022). Learning opportunities for pre-service teachers to develop pedagogical content knowledge for statistical inference. In *Congress of the European Society for Research in Mathematics Education* (CERME12), Bozen-Bolzano, Italy, February 2-5, 2022.

Blum, W., & Ferri, R. B. (2009). Mathematical modelling: Can it be taught and learnt?. *Journal of mathematical modelling and application, 1*(1), 45-58.

Blum, W., & Niss, M. (1991). Applied mathematical problem solving, modelling, applications, and links to other subjects—State, trends and issues in mathematics instruction. *Educational studies in mathematics, 22*(1), 37-68.

Bogart, K. P. (2004). *Combinatorics through guided discovery.* American Institute of Mathematics Edition: https://bogart.openmathbooks.org/

Brissiaud, R. (1988). De l'âge du capitaine a l'âge du berger: Quel contrôle de la validité d'un énoncé de problème au CE2?. *Revue française de pédagogie*, 23–31.

Britannica. *Florence Nightingale*. Hämtad från https://www.britannica.com/biography/Florence-Nightingale

Bruner, J.S., & Kenney, H.J. (1965). Representation and mathematics learning. *Monographs of the Society for Research in Child Development 30*(1), 50–59. https://doi.org/10.2307/1165708

Chance, B., Mas, R. D., & Garfield, J. (2004). Reasoning about sampling distributions. I D. Ben-Zvi & J. Garfield (red.). *The challenge of developing statistical literacy, reasoning and thinking* (ss. 295–323). Springer, Dordrecht.

Chevallard, Y. (2007). Readjusting didactics to a changing epistemology. *European Educational Research Journal, 6*(2), 131–134. https://doi.org/10.2304/eerj.2007.6.3.131

Chevallard, Y., Bosch, M. (2020). Didactic Transposition in Mathematics Education. In: Lerman, S. (Eds.) *Encyclopedia of Mathematics Education*. Springer, Cham. https://doi.org/10.1007/978-3-030-15789-0_48

Choi, S. S., Cha, S. H., & Tappert, C. C. (2010). A survey of binary similarity and distance measures. *Journal of systemics, cybernetics and informatics, 8*(1), 43–48.

Chrisman, N.R., (1998) Rethinking Levels of Measurement for Cartography. *Cartography and Geographic Information Systems, 25*(4), 231–242, DOI: 10.1559/152304098782383043

Clarkson, P.C. (2007). Australian Vietnamese students learning mathematics: High ability bilinguals and their use of their languages. *Educational studies in mathematics, 64*(2), 191-215. https://doi.org/10.1007/s10649-006-4696-5

Cobham, A., Schlögl, L., & Sumner, A. (2016). Inequality and the tails: the Palma proposition and ratio. *Global Policy, 7*(1), 25–36. doi: 10.1111/1758-5899.12320

Cohen, L., Manion, L., & Morrison, K. (2007). Research methods in education 6th edition. Routledge.

Cooper, L. L., & Shore, F. S. (2010). The effects of data and graph type on concepts and visualizations of variability. Journal of Statistics Education, 18(2). http://jse.amstat.org/v18n2/cooper.pdf

Corbin, J.M. & Strauss, A.L. (2008). *Basics of qualitative research: techniques and procedures for developing grounded theory.* (3. ed.) Thousand Oaks: SAGE.

DeBellis, V. A., & Rosenstein, J. G. (2004). Discrete mathematics in primary and secondary schools in the United States. *ZDM Mathematics Education, 36*(2), 46-55. doi: https://doi.org/10.1007/BF02655758

De Falguerolles, A. (2009). La méthode d'ajustement de Mayer et ses liens avec les méthodes de classification [Mayer's adjustment method and its links to classification methods]. *Mathematiques et Sciences Humaines 187*(3) 43–58.

Dinov, I.D. Christou, N., & Gould, R. (2009) Law of Large Numbers: The Theory, Applications and Technology-Based Education, *Journal of Statistics Education*, 17(1), DOI: 10.1080/10691898.2009.11889499

Doane, D. P., & Seward, L. E. (2011). Measuring skewness: a forgotten statistic?. *Journal of statistics education, 19*(2).

Duval, R. (2006). A cognitive analysis of problems of comprehension in a learning of mathematics. *Educational Studies in Mathematics, 61*(1–2), 103–131. doi:10.1007/s10649-006-0400-z

Ebert, C., Ebert, G., & Klin, M. (2004). From the principle of bijection to the isomorphism of structures: an analysis of some teaching paradigms in discrete mathematics. *ZDM Mathematics Education, 36*(5), 172–183. https://doi.org/10.1007/BF02655669

Egidius, H. (2006). *Termlexikon i pedagogik, skola och utbildning*. Lund: Studentlitteratur

English, L. D. (1991). Young children's combinatoric strategies. *Educational Studies in Mathematics, 22*(5), 451–474. doi:10.1007/BF00367908

Fischbein, E. (1975). *The intuitive sources of probabilistic thinking in children*. Dordrecht, The Netherlands: Reidel

Fisher, R. A. (1925a). *Statistical Methods for Research Workers*. Edinburgh and London: Oliver & Boyd.

Fisher, R. A. (1925b). Applications of "Student's" Distribution. *Metron 5*, 90–104.

Florence Nightingale museum. Hämtad från https://www.florence-nightingale.co.uk/

Friberg, J., & Al-Rawi, F. N. (2016). An Early Dynastic/Early Sargonic Metro-Mathematical Recombination Text from Umma with Commercial Exercises. In *New Mathematical Cuneiform Texts* (pp. 481–486). Springer, Cham. DOI: 10.1007/978-3-319-44597-7_12

Friendly, M. (2002). Visions and re-visions of Charles Joseph Minard. *Journal of Educational and Behavioral Statistics, 27*(1), 31–51.

Friendly, M. (2008). The golden age of statistical graphics. *Statistical Science 23*(4), 502–535.

Friendly, M., & Denis, D. (2000). Discussion and comments. Approche graphique en analyse des données. The roots and branches of modern statistical graphics. *Journal de la société française de statistique, 141*(4), 51–60.

Furness, A. & Björklund Boistrup, L. (2015). *Matematikens mönster*. (1. uppl.) Liber.

Gal, I. (2004). Statistical Literacy: Meanings, Components, Responsibilities. I Ben-Zvi, D., & Garfield, J. B. (Red.). *The challenge of developing statistical literacy, reasoning and thinking* (s. 47–78). Dordrecht, The Netherlands: Kluwer academic publishers.

Gea, M., Batanero, C., Arteaga, P., Contreras, J. M., & Cañadas, G. (2015). Regression in high school: An empirical analysis of Spanish textbooks. *CERME 9 - Ninth Congress of the European Society for Research in Mathematics Education* (pp. 658–664). Prague: Czech Republic.

Goldin, G. A. (1997). Chapter 4: Observing mathematical problem solving through task-based interviews. *Journal for Research in Mathematics Education*. Monograph, 40-177. https://doi.org/10.2307/749946

Gray, E. M., & Tall, D. O. (1994). Duality, ambiguity, and flexibility: A "proceptual" view of simple arithmetic. *Journal for research in Mathematics Education, 25*(2), 116-140. DOI: https://doi.org/10.5951/jresematheduc.25.2.0116

Grech, V. (2013). Secular trends in sex ratios at birth in South America over the second half of the 20th century. *Jornal de Pediatria, 89*(5), 505–509.

Greefrath, G., Siller, HS., Vorhölter, K. et al. (2022). Mathematical modelling and discrete mathematics: opportunities for modern mathematics teaching. *ZDM Mathematics Education 54*(4), 865–879 (2022). https://doi.org/10.1007/s11858-022-01339-5

Greenwood, D.J. & Levin, M. (2007). *Introduction to action research: Social research for social change*. (2. ed.) Thousand Oaks, Calif.: SAGE.

Grieser, D. (2018). *Exploring Mathematics Problem-Solving and Proof*. Cham: Springer International Publishing.

Groeneveld, R. A. (1991). An influence function approach to describing the skewness of a distribution. *The American Statistician, 45*(2), 97–102. https://doi.org/10.2307/2684367

Groeneveld, R. A., & Meeden, G. (1984). Measuring skewness and kurtosis. *Journal of the Royal Statistical Society: Series D (The Statistician), 33*(4), 391–399. https://doi.org/10.2307/2987742

Groth, R. E., & Bergner, J. A. (2006). Preservice elementary teachers' conceptual and procedural knowledge of mean, median, and mode. *Mathematical Thinking and Learning, 8*(1), 37–63. DOI: 10.1207/s15327833mtl0801_3

Grønmo, L. S., Lindquist, M., Arora, A. & Mullis, I. V. S. (2013). TIMSS 2015 mathematics framework. In I. V. S. Mullis & M. O. Martin (Eds.), *TIMSS 2015 assessment frameworks* (pp. 11–27). Chestnut Hill: TIMSS & PIRLS International Study Center. doi: 10.1007/s10649-014-9553-3

Guest, G., Bunce, A., & Johnson, L. (2006). How many interviews are enough? An experiment with data saturation and variability. *Field Methods, 18*(1), 59–82.

Gut, A. (2002). *Sant eller sannolikt: tankar kring matematik, statistik och sannolikheter*. Stockholm: Norstedt.

Hald, A. (2007). *A history of parametric statistical inference from Bernoulli to Fisher, 1713-1935*. New York: Springer.

Hedenborg, S. (2009). Till vad fostrar ridsporten? En studie av ridsportens utbildningar med utgångspunkt i begreppen tävlingsfostran, föreningsfostran och omvårdnadsfostran. *Educare*, (1), 61–78.

Helenius, O. (2012). Hedda mäter. *Nämnaren 2*(39) s. 9–12.

Helmert, F. R. (1876). Ueber die Wahrscheinlichkeit der Potenzsummen der Beobachtungsfehler und über einige damit im Zusammenhange stehende Fragen. *Zeitschrift für Mathematik und Physik, 21*(3), 192-219.

Hitchcock, D. B. (2009). Yates and contingency tables: 75 years later. *Electronic Journal for History of Probability and Statistics. 5*(2), 1-14. https://www.jehps.net/Decembre2009/Hitchcock.pdf

Hjelmborg, M. D. & Fleischer, A. (2018). En registeranalyse af centrale matematiske begreber i en grønlandsk kontekst. *Nordisk matematikkdidaktikk, 23*(3–4).

Hoffmann, M. H. G. (2006). What is a "Semiotic perspective", and what could it be? some comments on the contributions to this special issue. *Educational Studies in Mathematics, 61*(1–2), 279–291. Doi: 10.1007/s10649-006-1456-5

Holmes, P. (2001). Correlation: From picture to formula. *Teaching Statistics, 23*(3), 67–71.

Humble, Á. M. (2009). Technique triangulation for validation in directed content analysis. *International Journal of Qualitative Methods, 8*(3), 34–51.

Hunt, J., & Tzur, R. (2017). Where is difference? processes of mathematical remediation through a constructivist lens. *The Journal of Mathematical Behavior, 48*, 62–76. doi: https://doi.org/10.1016/j.jmathb.2017.06.007

Hunt, J. H., Westenskow, A., Silva, J., & Welch-Ptak, J. (2016). Levels of participatory conception of fractional quantity along a purposefully sequenced series of equal sharing tasks: Stu's trajectory. *The Journal of Mathematical Behavior, 41*, 45–67. https://doi.org/10.1016/j.jmathb.2015.11.004

Huntley, M. A., & Terrell, M. S. (2014). One-step and multi-step linear equations: A content analysis of five textbook series. *ZDM Mathematics Education, 46*(5), 751–766. doi:10.1007/s11858-014-0627-6

Häggström, O. (2004). *Slumpens skördar: strövtåg i sannolikhetsteorin*. Lund: Studentlitteratur.

Iversen, K. & Nilsson, P. (2007). Students' Reasoning About One-Object Stochastic Phenomena in an ICT-Environment.

International Journal of Computers for Mathematical Learning 12:113–133. DOI 10.1007/s10758-007-9116-0

Iversen, K. & Nilsson, P. (2019). Lower secondary school students' reasoning about compound probability in spinner tasks. *The Journal of Mathematical Behavior, 56*, doi: https://doi.org/10.1016/j.jmathb.2019.100723.

Jaccard, P. (1908). Nouvelles recherches sur la distribution florale. *Bull. Soc. Vaud. Sci. Nat., 44*, 223-270.

Jacobbe, T. (2012). Elementary school teachers' understanding of the mean and median. *International Journal of Science and Mathematics Education 10*, 1143–1161. Doi: https://doi.org/10.1007/s10763-011-9321-0

Jamieson, S. (2004). Likert scales: How to (ab)use them?. *Medical education, 38*(12), 1217-1218.

Janson, S., & Vegelius, J. (1981). Measures of ecological association. *Oecologia, 49*(3), 371–376. Doi: https://doi.org/10.1007/BF00347601.

Johansson, E. (1977). *The history of literacy in Sweden : in comparison with some other countries*. Hämtat från Umeå universitet website: http://urn.kb.se/resolve?urn=urn:nbn:se:umu:diva-62939

Johansson, E. (1993). *Kan själva orden: artiklar i folkundervisningens historia IV*. Hämtat från Umeå universitet, Forskningsarkivet website: http://urn.kb.se/resolve?urn=urn:nbn:se:umu:diva-38510

Jones, G. A., & Thornton, C. A. (2005). An overview of research into the teaching and learning of probability. I G.A. Jones, (red.). *Exploring probability in school: challenges for teaching and learning*, s. 65–92. New York: Springer.

Jones, K. (2005), Using Spreadsheets in the Teaching and Learning of Mathematics: a research bibliography, *MicroMath, 21*(1), 30-31.

Kaeser, H.J. (1949). *Berömda kvinnobragder: sju biografiska berättelser om märkliga kvinnor*. Stockholm: Harriers.

Kapsetaki, S. E., Marquez Alcaraz, G., Maley, C. C., Whisner, C. M., & Aktipis, A. (2022). Diet, microbes, and cancer across the tree of life: a systematic review. *Current Nutrition Reports, 11*(3), 508-525. DOI: https://doi.org/10.1007/s13668-022-00420-5

Kaplan, J., Fisher, D. G., & Rogness, N. T. (2010). Lexical ambiguity in statistics: how students use and define the words: association, average, confidence, random and spread. *Journal of Statistics Education, 18*(2).

Katz, V.J. (1998). *A history of mathematics: an introduction*. (2. ed.) Reading, Mass.: Longman.

Keisar, E., & Peled, I. (2018). Investigating new curricular goals: What develops when first graders solve modelling tasks? *Research in Mathematics Education, 20*(2), 127–145. doi:10.1080/14794802.2018.1473160

Key, E.S. (2005). A Painless Approach to Least Squares. *The College Mathematics Journal 1*(36) 65–67.

Kim, J., Boushey, C. J., Wilkens, L. R., Haiman, C. A., Le Marchand, L., & Park, S. Y. (2022). Plant-based dietary patterns defined by a priori indices and colorectal cancer risk by sex and race/ethnicity: the Multiethnic Cohort Study. *BMC medicine, 20*(1), 1-14. https://doi.org/10.1186/s12916-022-02623-7

Kiselman, C.O. & Mouwitz, L. (2008). *Matematiktermer för skolan*. Göteborg: Nationellt centrum för matematikutbildning (NCM), Göteborgs universitet. Finns som pdf på http://www2.math.uu.se/~kiselman/termer12.pdf

Kompus, K., Olsson, C.-J., Larsson, A., & Nyberg, L. (2009). Dynamic switching between semantic and episodic memory systems. *Neuropsychologia, 47*(11), 2252–2260. https://doi.org/10.1016/j.neuropsychologia.2008.11.031

Konold, C., & Pollatsek, A. (2004). Conceptualizing an average as a stable feature of a noisy process. In D. Ben-Zvi, & J. Garfield (Eds.), *The challenge of developing statistical literacy, reasoning and thinking* (pp. 169–199). Boston: Kluwer Academic Publishers.

Landauer, C. (2011). There is Nothing so Practical as a Good Theory. *IEEE Fourth International Conference on Space Mission Challenges for Information Technology*. Ss. 184-191. doi: 10.1109/SMC-IT.2011.32.

Landtblom, K., & Sumpter, L. (2021). Teachers and prospective teachers' conceptions about averages. *Journal of Adult Learning, Knowledge and Innovation, 4*(1), 1–8. https://doi.org/10.1556/2059.03.2019.02

Larson, N., & Pettersson, K. (2018). Proof by induction–the role of the induction basis. In E. Norén, H. Palmér & A. Cooke (Eds.), *NORMA 17 – Nordic Research in Mathematics Education*. (pp. 99–107). Skrifter från SMDF, nr 12 Göteborg: Svensk förening för matematikdidaktisk forskning. ISBN 978-91-984024-1-4.

Lesser, L. (1999). The 'Ys' and 'why nots' of line of best fit. *Teaching Statistics, 21*(2), 54–55. https://doi.org/10.1111/j.1467-9639.1999.tb00807.x

Lesser, L.M., Wagler, A.E. & Abormegah, P. (2014) Finding a Happy Median: Another Balance Representation for Measures of Center. *Journal of Statistics Education, 22*(3), DOI: 10.1080/10691898.2014.11889714

Lgr11 (2021). *Kommentarmaterial till kursplanen i matematik – Grundskolan.* https://www.skolverket.se/publikationer?id=7840

Lgr22 (2022). Läroplanen för grundskolan, förskoleklassen och fritidshemmet. https://www.skolverket.se/publikationer?id=9718

Lgr62 (1962). *1962 års skollag, skolstadga och läroplan för grundskolan.*

Lgr69 (1969a). *Läroplan för grundskolan. 1, Allmän del.* Stockholm: Utbildningsförlaget.

Lgr69 (1969b). *Läroplan för grundskolan. 2, Supplement matematik.* Stockholm: Utbildningsförlaget.

Lgr80 (1980). Läroplan för grundskolan Allmän del: mål och riktlinjer, kursplaner, timplaner. Stockholm: Liber Läromedel/Utbildningsförlaget.

Lgr80 (1982). *Kommentarmaterial Lgr80 Att räkna En grundläggande färdighet.* Stockholm: Liber Läromedel/Utbildningsförlaget.

Lgy70. (1971). *Läroplan för gymnasieskolan 2 Supplement.* (treåriga och fyraårig linjer). Stockholm: Liber Utbildningsförlaget.

Lgy70. (1975). *Läroplan för gymnasieskolan 1 Allmän del.* (2., översedda uppl.) Stockholm: Liber Utbildningsförlaget.

Lgy70. (1980). *Läroplan för gymnasieskolan 2 Supplement, 69 Matematik för tvåårig ekonomisk och social linje*. Stockholm: Liber Utbildningsförlaget.

Lgy70. (1982). *Läroplan för gymnasieskolan 2 Supplement, 75 Matematik för treårig naturvetenskaplig linje och fyraårig teknisk linje*. Stockholm: Liber Utbildningsförlaget.

Lgy70. (1983). *Läroplan för gymnasieskolan 2 Supplement, 93 Matematik för treårig humanistisk, ekonomisk och samhällsvetenskaplig linje*. Stockholm: Liber Utbildningsförlaget.

Likert, R. (1932). A technique for the measurement of attitudes. *Archives of Psychology, 22*(140), 55.

Lockwood, E., Wasserman, N. H., & Tillema, E. S. (2020). A case for combinatorics: A research commentary. *The Journal of Mathematical Behavior, 59*, 100783. doi: https://doi.org/10.1016/j.jmathb.2020.100783.

Lpf94 Lpf. (1994). *1994 års läroplan för de frivilliga skolformerna, Lpf 94. Särskilda programmål för gymnasieskolans nationella program; Kursplaner i kärnämnen för gymnasieskolan och den gymnasiala vuxenutbildningen*. Stockholm: Utbildningsdepartementet.

MacHale, D. (1993). *Comic sections: The book of mathematical jokes, humour, wit, and wisdom*. Boole Press.

MacHale, D. (2022). *Comic sections Plus: The book of mathematical jokes, humour, wit, and wisdom*. Boole Press.

Maher, C. A., & Sigley, R. (2014). Task-based interviews in mathematics education. In S. Lerman (Ed.), *Encyclopedia of Mathematics Education* (pp. 579-582). Springer Netherlands. doi: 10.1007/SpringerReference_313326

Mejía-Ramos, J.P., Weber, K. (2020). Using task-based interviews to generate hypotheses about mathematical practice: mathematics education research on mathematicians' use of examples in proof-related activities. *ZDM Mathematics Education 52*(6), 1099–1112. https://doi.org/10.1007/s11858-020-01170-w

Marton, F., Dahlgren, L.O., Svensson, L. & Säljö, R. (1999). *Inlärning och omvärldsuppfattning: En bok om den studerande människan*. Stockholm: Nordstedts Akademiska Förlag.

Mas, R. C. D. (2004). A comparison of mathematical and statistical reasoning. I D. Ben-Zvi & J. Garfield (red.). *The challenge of developing statistical literacy, reasoning and thinking* (pp. 79–95). Springer, Dordrecht.

Mayén, S., Díaz, C., & Batanero, C. (2009). Students' semiotic conflicts in the concept of median. *Statistics Education Research Journal, 8*(2), 5–32.

McLaren, C. H. (2012). Using the Height and Shoe Size Data to Introduce Correlation and Regression. *Journal of Statistics education, 20*(3). http://jse.amstat.org/v20n3/mclaren.pdf

Melnikov, V. N. (2015). Seasonal inconstancy of human sex ratio at birth. *Early human development, 91*(12), 817–821.

Moore, D. S. (1990). Uncertainty. In L. A. Steen (Ed.), *On the shoulders of giants: New approaches to numeracy* (pp. 95–137). Washington, DC: National Academy Press.

Mosteller, F. & Tukey, J.W. (1977). *Data analysis and regression: a second course in statistics*. Addison-Wesley series in behavioral science: quantitative methods.

Mullis, I. V. S., Martin, M. O., Foy, P., & Arora, A. (2012). *TIMSS 2011 international results in mathematics*. Chestnut Hill, MA, USA: TIMSS & PIRLS International Study Center, Lynch School of Education, Boston College.

Nash, J.C., and Quon, T.K. (1996). Issues in teaching statistical thinking with spreadsheets, *Journal of Statistics Education 4*(1).

Nilsson, P. (2020). Students' informal hypothesis testing in a probability context with concrete random generators. *Statistics Education Research Journal, 19*(3), 53–73. DOI: https://doi.org/10.52041/serj.v19i3.56

Nilsson, P. & Lindström, T. (2013). Prolifing Swedish teachers´ knowledge base in probability. *Nordic Studies in Mathematics Education,18*(4), 51–72.

Nilsson, R. (1997). En handgriplig introduktion till fraktalernas värld. *Nämnaren 2*, s19-21.

Niss, M. (2015). Prescriptive modelling—challenges and opportunities. In G. A. Stillman, W. Blum & M. S. Biembengut (Eds.), *Mathematical modelling in education research and practice: Cultural, Social and Cognitive Influences* (pp. 67–79). Cham: Springer.

Nohda, N. (2000). Teaching by Open-Approach Method in Japanese Mathematics Classroom. *Proceedings of the Conference of the International Group for the Psychology of Mathematics Education (PME) 24th*, Hiroshima, Japan, July 23-27, 000. Volume 1.

Norman, G. (2010). Likert scales, levels of measurement and the "laws" of statistics. *Advances in health sciences education, 15*(5), 625-632.

Olande, O. (2013). Making sense of a" misleading" graph. *Nordisk matematikkdidaktikk, 18*(1), 5–30.

Olande, O. (2014a). Graphical artefacts: Taxonomy of students' response to test items. *Educational Studies in Mathematics, 85*(1), 53–74. doi https://doi.org/10.1007/s10649-013-9493-3

Olande, O. (2014b). A Case Study on Pre-service Teachers Students' Interaction with Graphical Artefacts. *REDIMAT, 3*(1), 74–102. doi: 10.4471/redimat.2014.41

Olande, O. (2017). Analysing students' graphicacy from a national test. *CERME 10, Feb 2017, Dublin, Ireland.* <hal-01949263>

Olsen, R. V. (2006). A Nordic profile of mathematics achievement: Myth or reality? *Northern Lights on PISA 2003: A Reflection from the Nordic Countries*, 33–45.

O'Reilly, M., & Parker, N. (2013). 'Unsatisfactory saturation': A critical exploration of the notion of saturated sample sizes in qualitative research. *Qualitative Research, 13*(2), 190–197. doi: 10.1177/1468794112446106

Pansell, A. & Björklund Boistrup, L. (2018). Mathematics Teachers' Teaching Practices in Relation to Textbooks: Exploring Praxeologies. *The Mathematics Enthusiast 15*(3), Article 13. DOI: https://doi.org/10.54870/1551-3440.1444

Pásztor, A. (2014). Education matters: continuity and change in attitudes to education and social mobility among the offspring of Turkish guest workers in the Netherlands and Austria. *International Studies in Sociology of Education, 24*(3), 290-303, DOI: 10.1080/09620214.2014.943034

Penner, A. M., & CadwalladerOlsker, T. (2012). Gender differences in mathematics and science achievement across the distribution: What international variation can tell us about the role of biology and society. In H. Forgasz & F. Rivera. *Towards equity in mathematics education* (pp. 441-468). Springer, Berlin, Heidelberg.

Petersson, J. (2008a). *Hur ser den skriftliga kommunikationen mellan lärare och studerande ut vid distansundervisning i matematik för kommunal vuxenutbildning?* Studentuppsats. Göteborgs universitet, IPD. Tillgänglig på gupea.ub.gu.se/handle/2077/19558.

Petersson, J. (2008b). Delbarhetsregler. *Nämnaren 4*(35) s. 25–27.

Petersson, J. (2014). Homonymer och språkliga register. *Nämnaren 3*(41) s. 54–56.

Petersson, J. (2016a). Aritmetik med negativa tal – teckenregler eller teckenresonemang? *Nämnaren 1*(43) s. 51–52.

Petersson, J. (2016b). Strövtåg – säsongsmatematik. *Nämnaren 3*(43) s. 44–48.

Petersson, J. (2017a). Tintin och matematiken. I *Tintinism: Årsbok 2017* (s. 65–70). Hämtad från http://urn.kb.se/resolve?urn=urn:nbn:se:su:diva-144001

Petersson, J. (2017b). Students determining the median for different data sets: A spectrum of responses. In J. Häggström, m.fl. *ICT in mathematics education: the future and the realities. Proceedings of MADIF 10*. Göteborg: Svensk förening för MatematikDidaktisk Forskning - SMDF, 2014 (s. 145). < http://urn.kb.se/resolve?urn=urn:nbn:se:su:diva-139220 >.

Petersson, J. (2017c). First- and second-language students' achievement in mathematical content knowledge areas. *Nomad 22*(2)33–50.

Petersson, J., Colliander-Stahl, L., Sayers, J. (2020). Underskattade uppskattningar. *Nämnaren 2*(47) s. 36–40.

Petersson, J. (2021a). Språkspalten – Matematikordens ursprung. *Nämnaren 4*(48) 25–28.

Petersson, J., Sayers, J., & Andrews, P. (2021b). Content Analysis of Mathematics Textbooks and Adapted Lorentz Curves. In M. Kingston and P. Grimes (Eds.), *Proceedings of the Eighth Conference on Research in Mathematics Education in Ireland (MEI 8)* (pp. 356–363). Institute of Education, Dublin City University. Doi: 10.5281/zenodo.5601462 https://doi.org/10.5281/zenodo.5601462

Petersson, J., Sayers, J., Rosenqvist, E., & Andrews, P. (2021c). Two novel approaches to the content analysis of school mathematics textbooks. *International Journal of Research & Method in Education. 44*(2) 208–222. Doi: 10.1080/1743727X.2020.1766437.

Petersson, J., Sayers, J., & Andrews, P. (2022a). Two methods for quantifying similarity between textbooks with respect to content distribution. *International Journal of Research & Method in Education*. Doi: 10.1080/1743727X.2022.2093846

Petersson, J. (2022b). Students' responses to the question: how does a computer do curve fitting?. *International Journal of Mathematical Education in Science and Technology*, 1–17.

Petersson, J., & Weldemariam, K. (2022c). Prime Time in Preschool Through Teacher-Guided Play with Rectangular Numbers. *Scandinavian Journal of Educational Research, 66*(4), 714–728. https://doi.org/10.1080/00313831.2021.1910561

Petersson, J. (2022d). Timeseries analysis extends content analysis to exploring distribution of a topic among data. Presenterad vid *QRM Konferens 2022, 13–14 juni, Pedagogen, Göteborgs universitet.* https://urn.kb.se/resolve?urn=urn:nbn:se:mau:diva-53069

Petersson, J. (2022e). Mathematical modelling in social sciences. In L. Mattson m.fl. *The Relation between Mathematics Education Research and Teachers' Professional Development, Madif13. Proceedings of MADIF 13*. Göteborg: Svensk förening för MatematikDidaktisk Forskning - SMDF, 2022 (s. 141). < https://urn.kb.se/resolve?urn=urn:nbn:se:mau:diva-53795 >.

Petersson, J. (2023a). Using the Gini coefficient for assessing heterogeneity within classes and schools. *SN Social Sciences*.

Petersson, J. (2023b). Modellering av elproduktion. *Nämnaren 1*(50) s. 41–45.

Petersson, J. (2023c). Drama och humor som verktyg i matematikundervisningen. *Nämnaren 4*(50).

Piaget, J., & Inhelder, B. (1975). *The origin of the idea of chance in children*. London: Routledge & Kegan Paul

Pimm, D. (1987). *Speaking mathematically: communication in mathematics classrooms*. London: Routledge & Kegan Paul

PISA (2021). *Bakgrundsfrågor i PISA*. https://www.oecd.org/pisa/sitedocument/PISA-2021-questionnaire-framework.pdf

Pólya, G. (1990). *How to solve it: a new aspect of mathematical method*. (2. ed.) Harmondsworth: Penguin Books.

Popper, K. (1963). *Conjectures and refutations: the growth of scientific knowledge*. London: Routledge.

Prediger, S., & Wessel, L. (2011). Relating registers for fractions–multilingual students on their way to conceptual understanding. In M. Setati-Phakeng, T. Nkambule & L. Goosen (Eds.), *Proceedings of the 21 ICMI study conference* (pp. 324–333). Heidelberg: Springer.

Prytz, J. (2015). Swedish mathematics curricula, 1850–2014. An overview. In Bjarnadóttir, K., Furinghetti, F., Prytz, J. & Schubring, G. (Eds.) (2015). *"Dig where you stand" 3. Proceedings of the third International Conference on the History of Mathematics Education.*

Prytz, J. (2020). Framing for Success : Governance of Swedish School Mathematics, 1980–1995. *Nordic Journal of Educational History, 7*(1), 3–32. https://doi.org/10.36368/njedh.v7i1.165

Reading, C., & Shaughnessy, J. M. (2004). Reasoning about variation. I Ben-Zvi, D., & Garfield, J. B. (Red.). *The challenge of developing statistical literacy, reasoning and thinking* (pp. 201–226). Springer, Dordrecht.

Rosário, P., Núñez, J., Vallejo, G., Cunha, J., Nunes, T. et al. (2015). Does homework design matter? The role of homework's purpose in student mathematics achievement. *Contemporary Educational Psychology, 43* (Supplement C), 10–24.

Russell, P. F., & Rao, T. R. (1940). On habitat and association of species of anopheline larvae in south-eastern Madras. *Journal of the Malaria Institute of India, 3*(1).

Sandefur, J., Lockwood, E., Hart, E. et al. (2022). Teaching and learning discrete mathematics. *ZDM Mathematics Education*

54(4), 753–775. doi: https://doi.org/10.1007/s11858-022-01399-7

Sarkar, J. & Rashid, M. (2016) Visualizing Mean, Median, Mean Deviation, and Standard Deviation of a Set of Numbers, *The American Statistician, 70*(3), 304–312, DOI: 10.1080/00031305.2016.1165734

Sayers, J., Petersson, J., Rosenqvist, E., & Andrews, P. (2021). Opportunities to learn Foundational Number Sense in three Swedish year one mathematics textbooks. *International Journal of Mathematical Education in Science and Technology 52*(4)506–526.

SCB. (2022). *Statistikdatabasen*. Hushållens ekonomi – Fördelning inkomster (fraktiler). Andel av inkomstsumma, procent efter region, inkomstslag, spridningsmått och år. https://www.statistikdatabasen.scb.se/pxweb/sv/ssd/6

Schoenfeld, A. H. (1985). *Mathematical problem solving*. Orlando: Academic Press.

Schuster, A. (2004). About traveling salesmen and telephone networks—Combinatorial optimization problems at high school. *ZDM Mathematics Education, 36*(2), 77-81. doi:https://doi.org/10.1007/BF02655762

Secada, W. G. (1992). Race, ethnicity, social class, language and achievement in mathematics. In D. A. Grouws (Ed.), *Handbook of research on mathematics teaching and learning* (pp. 623-660). Reston, VA: National Council of Teachers of Mathematics.

Seidouvy, A., & Eckert, A. (2017). Designing for responsibility and authority in experiment based instruction in mathematics : The case of reasoning with uncertainty. *Proceedings of the*

Tenth Congress of the European Society for Research in Mathematics Education (CERME10), 3740–3747.

Seidouvy, A., Helenius, O., & Schindler, M. (2018). Data generation in statistics–both procedural and conceptual: An inferentialist analysis. In *The eleventh research seminar of the Swedish Society for Research in Mathematics Education (MADIF11), Karlstad, Sweden, January 23–24, 2018* (s. 191–200). Svensk förening för MatematikDidaktisk Forskning-SMDF.

Sfard, A. (1991). On the dual nature of mathematical conceptions: Reflections on processes and objects as different sides of the same coin. *Educational Studies in Mathematics 22*(1), 1–36 (1991). doi: https://doi.org/10.1007/BF00302715

Sfard, A., & Kieran, C. (2001). Cognition as communication: Rethinking learning-by-talking through multi-faceted analysis of students' mathematical interactions. *Mind, Culture, and activity, 8*(1), 42-76. https://doi.org/10.1207/S15327884MCA0801_04

Shaughnessy, J. M. (1992). Research in probability and statistics: Reflections and directions. I D. Grouws (red.). *Handbook of Research on Mathematics Teaching and Learning: (A Project of the National Council of Teachers of Mathematics)*. s. 465–494. Information Age Publishing.

Shaughnessy, J.M., (2007). Research on statistics learning and reasoning. I F. K. Lester (Red.). *Second handbook of research on mathematics teaching and learning*. A project of the National Council of Teachers of Mathematics.

Singh, S. (2005). *Fermats gåta: så löstes världens svåraste matematiska problem*. Stockholm: Pan.

Singh, S. (2014). *Räkna med Simpsons!* Stockholm: Leopard.

Sitthiyot, T., Holasut, K. (2020) A simple method for measuring inequality. *Palgrave Communications 6*(112). https://doi.org/10.1057/s41599-020-0484-6

Sjöström, O. (2002). *Svensk statistikhistoria: en undanskymd kritisk tradition*. Hedemora: Gidlund.

Skemp, R. R. (1976). Relational understanding and instrumental understanding. *Mathematics Teaching, 77*, 20–26.

Skolverket, (2019). PISA 2018. 15-åringars kunskaper i läsförståelse, matematik och naturvetenskap. https://www.skolverket.se/publikationer?id=5347

Skott, J., Jess, K., & Hansen, H. C. (2010). *Matematik för lärare: δ Didaktik*. Gleerups Utbildning AB.

SMHI, vindstyrka. https://www.smhi.se/kunskapsbanken/meteorologi/vind/skalor-for-vindhastighet

Soland, J. (2017) Is Teacher Value Added a Matter of Scale? The Practical Consequences of Treating an Ordinal Scale as Interval for Estimation of Teacher Effects. *Applied Measurement in Education, 30*(1), 52–70, DOI: 10.1080/08957347.2016.1247844

Sollerman, S. & Winnberg, M. (2019). *Matematik i PISA 2018*. https://www.skolverket.se/publikationer?id=5353

Sørensen, T. A. (1948). A method of establishing groups of equal amplitude in plant sociology based on similarity of species content and its application to analyses of the vegetation on Danish commons. *Biol. Skar., 5*, 1–34.

Stanley, R.P. (2012). *Enumerative combinatorics Vol.1*. (2nd. ed.). Cambridge University Press.

Stevens, S. S. (1946). On the theory of scales of measurement. *Science, 103*(2684), 677–680.

Student. (1908). The probable error of a mean. *Biometrika 6*(1)1–25. https://doi.org/10.2307/2331554

Svenska Fotbollsförbundet (2023). *Självskattningsenkät* < aktiva.svenskfotboll.se/forening/diplomerad-forening/sjalvskattning/ >.

Svensson, C., & Holmqvist, M. (2021). Pre-Service Teachers' Procedural and Conceptual Understanding of Pupils' Mean Value Knowledge in Grade 6. *International Electronic Journal of Mathematics Education, 16*(3), 1–12. https://doi.org/10.29333/iejme/11067

Tabach, M., Hershkowitz, R., & Arcavi, A. (2008). Learning beginning algebra with spreadsheets in a computer intensive environment. *The Journal of Mathematical Behavior, 27*(1), 48-63.

Tabor, J. (2010). Investigating the investigative task: Testing for skewness: An investigation of different test statistics and their power to detect skewness. *Journal of Statistics Education, 18*(2).

TIMSS (2015). *Bakgrundsfrågor i Trends in International Mathematics and Science Study.* https://timssandpirls.bc.edu/timss2015/questionnaires/index.html

Thompson, J. (1991). *Wahlström & Widstrands matematiklexikon*. Stockholm: Wahlström & Widstrand.

Treffers, A. (1993). Wiskobas and Freudenthal realistic mathematics education. *Educational Studies in Mathematics, 25*(1-2), 89-108. doi: https://doi.org/10.1007/BF01274104

Tukey, J.W. (1977). *Exploratory data analysis*. Reading, Mass.: Addison-Wesley.

Tukey, J. W. (1980) We Need Both Exploratory and Confirmatory. *The American Statistician, 34*(1), 23–25, DOI: 10.1080/00031305.1980.10482706

van Bommel, J., & Palmér, H. (2021). Enhancing young children's understanding of a combinatorial task by using a duo of digital and physical artefacts. *Early Years 41*(2-3), 218-231, DOI: 10.1080/09575146.2018.1501553

Vetenskapsrådet (2017). *God forskningssed*. (Reviderad utgåva). Stockholm: Vetenskapsrådet.

Von Hippel, P. T. (2005). Mean, median, and skew: Correcting a textbook rule. *Journal of statistics Education, 13*(2).

Vännman, K. (1980). EDA – detektivarbete bland siffror med papper, penna och linjal. *Nämnaren 4*. s. 42–52.

Wald, A. (1940). The fitting of straight lines if both variables are subject to error. *The Annals of Mathematical Statistics, 11*(3), 284–300.

Waldmann E. (2018). Quantile regression: A short story on how and why. *Statistical Modelling. 18*(3-4), 203-218. doi:10.1177/1471082X18759142

Walters, E. J., Morrell, C. H., & Auer, R. E. (2006). An investigation of the median-median method of linear regression. *Journal of Statistics Education, 14*(2)

Watson, J. M., & Moritz, J. B. (2000). Developing concepts of sampling. *Journal for research in mathematics education, 31*(1), 44–70.

Wavering, M. J. (1989). Logical reasoning necessary to make line graphs. *Journal of Research in Science Teaching, 26*(5), 373–379.

West, D.B. (2001). *Introduction to graph theory*. (2. ed.). Prentice Hall.

Wilcox, A.R. (1973). Indices of Qualitative Variation and Political Measurement. *The Western Political Quarterly. 26*(2)325–343. doi:10.2307/446831.

Wild, C. J., & Pfannkuch, M. (1999). Statistical thinking in empirical enquiry. *International Statistical Review, 67*(3), 223–265. doi:https://doi.org/10.1111/j.1751-5823.1999.tb00442.x

Wu, M., & Zhang, D. (2006). Overview of curricular in the West and East. In F. K. S. Leung, K. Graf & F. J. Lopez-Real (Eds.), *Mathematics education in different cultural traditions – a comparative study of East Asia and the West* : The 13th ICMI study (pp. 181–193). New York, PA: Springer

Wyndhamn, J. (1991). Problemmiljö och miljöproblem. I G. Emanuelsson, B. Johansson, R. Ryding (Reds.), *Problemlösning* (pp 51–66). Lund: Studentlitteratur.

Yee, J. (1994). Deriving the Least Squares Estimates without Using Calculus. *Teaching Mathematics and its Applications: An International Journal of the IMA, 13*(3), 128–131. doi:10.1093/teamat/13.3.128

Zabell, S.L., (2008) On Student's 1908 Article "The Probable Error of a Mean", *Journal of the American Statistical Association, 103*(481), 1-7, DOI: 10.1198/016214508000000030

Åberg-Bengtsson, L., & Ottosson, T. (2006). What lies behind graphicacy? Relating students' results on a test of graphically represented quantitative information to formal academic achievement. *Journal of Research in Science Teaching, 43*(1), 43–62. Doi 10.1002/tea.20087

Åberg-Bengtsson, L. (2006). “Then you can take half… almost”—Elementary students learning bar graphs and pie charts in a computer-based context. *The Journal of Mathematical Behavior, 25(*2), 116–135. https://doi.org/10.1016/j.jmathb.2006.02.007